Arduino

Proyectos prácticos

Arduino

Proyectos prácticos

Iván Lobo Varela

La ley prohíbe
fotocopiar este libro

Arduino. Proyectos prácticos
Thema: TJFC Electrónica: circuitos y componentes
Bisac: TEC008060
© Iván Lobo Varela
© De la edición: Ra-Ma 2024

Edición original publicada por Six Ediciones. Ciudad Autónoma de Buenos Aires, Argentina.
Título original: .Arduino Proyectos Prácticos Vol.1, Vol.2, Vol.3
Colección: USERS ebooks
Derechos Reservados © Six Ediciones. Ciudad Autónoma de Buenos Aires, Argentina.

Editado por:
RA-MA Editorial
Calle Jarama, 3A, Polígono Industrial Igarsa
28860 PARACUELLOS DE JARAMA, Madrid
Teléfono: 91 658 42 80
Fax: 91 662 81 39
Correo electrónico: info@grupoeditorialrama.com
Internet: www.ra-ma.es y www.ra-ma.com
ISBN impreso: 978-84-10360-83-9
Depósito legal: M-26002-2024
Maquetación: Antonio García Tomé
Diseño de portada: Antonio García Tomé
Filmación e impresión: Safekat
Impreso en España en diciembre de 2024

ÍNDICE

ACERCA DEL AUTOR 9

PRÓLOGO 11

SOBRE ESTA OBRA 13

PARTE 1 15

CAPÍTULO 1. RELOJ ARDUINO 17

    1.1   ARDUINO NANO...17

    1.2   TECLADO DE MEMBRANA 18

    1.3   RTC 22

    1.4   DISPLAY LCD 16X2 26

    1.5   EL CIRCUITO 31

    1.6   EL CÓDIGO 35

          1.6.1   Funcionamiento 36

    1.7   PROBLEMAS Y SOLUCIONES 39

    1.8   ACTIVIDADES 42

          1.8.1   Test de autoevaluación 42

          1.8.2   Ejercicios prácticos 42

CAPÍTULO 2. CONTADOR DE OBJETOS 43

    2.1   EL PROYECTO...43

    2.2   SENSOR ULTRASÓNICO 44

2.2.1 Funcionamiento 44

2.2.2 Características 46

2.3 HC-SR04 47

2.4 LIBRERÍA NEWPING 49

2.5 CONTROL COMPUTARIZADO 55

2.6 PROBLEMAS Y SOLUCIONES 57

2.7 ACTIVIDADES 63

2.7.1 Test de autoevaluación 63

2.7.2 Ejercicios prácticos 63

CAPÍTULO 3. ESTACIÓN METEOROLÓGICA **65**

3.1 EL PROYECTO 65

3.1.1 Arduino Nano 66

3.1.2 El sensor DTH22 66

3.1.3 El sensor BMP180 71

3.2 ¡MIDAMOS TEMPERATURA Y HUMEDAD! 74

3.3 ¡MIDAMOS PRESIÓN ATMOSFÉRICA! 77

3.4 DISPLAY LCD 82

3.5 PROBLEMAS Y SOLUCIONES 83

3.6 ACTIVIDADES 85

3.6.1 Test de autoevaluación 85

3.6.2 Ejercicios prácticos 86

GLOSARIO **87**

PARTE 2 .... **89**

CAPÍTULO 4. RIEGO AUTOMÁTICO CON ARDUINO **91**

4.1 DESCRIPCIÓN 91

4.2 ARDUINO NANO 92

4.3 TECLADO DE MEMBRANA 93

4.4 RTC 94

4.5 DISPLAY LCD 16X2 96

4.6 ELECTROVÁLVULA 98

4.7 MÓDULO RELÉ 100

4.8 SENSOR DE HUMEDAD 101

4.9 FUNCIONAMIENTO 102

4.10 EL CÓDIGO 103

4.11 EL CIRCUITO 116

4.12 PROBLEMAS Y SOLUCIONES 118

4.13 ACTIVIDADES 119

4.13.1 Test de autoevaluación 119
4.13.2 Ejercicios prácticos 120

**CAPÍTULO 5. CERRADURA ELECTRÓNICA
CON ARDUINO** 121

5.1 DESCRIPCIÓN 121
5.2 COMPONENTES NECESARIOS 122
5.3 CERRADURA ELÉCTRICA 123
5.4 FUNCIONAMIENTO 124
5.5 EL CÓDIGO 125
5.6 EL CIRCUITO 140
5.7 ADVERTENCIAS Y CONSIDERACIONES 142
5.8 PROBLEMAS Y SOLUCIONES 144
5.9 ACTIVIDADES 145
5.9.1 Test de autoevaluación 146
5.9.2 Ejercicios prácticos 146

CAPÍTULO 6. CUENTA REGRESIVA CON ARDUINO 147

6.1 DESCRIPCIÓN 147
6.2 COMPONENTES NECESARIOS 149
6.3 FUNCIONAMIENTO 149
6.4 EL CÓDIGO 152
6.5 IMPORTANTE 158
6.6 EL CIRCUITO 166
6.7 PROBLEMAS Y SOLUCIONES 170
6.8 ACTIVIDADES 172
6.8.1 Test de autoevaluación 172
6.8.2 Ejercicios prácticos 172

GLOSARIO 173

PARTE 1 175

CAPÍTULO 7. TABLERO AVISADOR DE MENSAJES LED 177

7.1 MATRIZ LED 177
7.2 CONTROL DEL PANEL, MÓDULO O MATRIZ LED 180
7.3 ARDUINO NANO 189
7.4 CONEXIONES 189
7.5 CÓDIGO 190
7.6 IMPORTANTE 196
7.7 PROBLEMAS Y SOLUCIONES 196
7.8 LETRAS Y NÚMEROS 197

7.9   ACTIVIDADES..208
        7.9.1   Test de autoevaluación 208
        7.9.2   Ejercicios prácticos 208

CAPÍTULO 8. DETECCIÓN DE OBJETOS 209
8.1   DETECCIÓN DE OBSTÁCULOS 209
8.2   ZUMBADOR PIEZOELÉCTRICO O BUZZER................................210
8.3   FUNCIONAMIENTO DEL PROYECTO...212
8.4   CÓDIGO..215
        8.4.1   Librería NewPing 215
8.5   EL CIRCUITO...218
8.6   PROBLEMAS Y SOLUCIONES 219
8.7   DETECCIÓN DE OBSTÁCULOS PARA ROBOT............................220
        8.7.1   Diferentes proyectos...221
        8.7.2   Módulo de expansión con relé 221
        8.7.3   Módulo controlador para motores 222
        8.7.4   Funcionamiento del proyecto 224
        8.7.5   El circuito 227
        8.7.6   El software..227
        8.7.7   Problemas y soluciones 233
8.8   ACTIVIDADES..234
        8.8.1   Test de autoevaluación 234
        8.8.2   Ejercicios prácticos 235

CAPÍTULO 9. MEDICIÓN DE GASES CON ARDUINO.......................237
9.1   CONSIDERACIONES IMPORTANTES..237
9.2   EL CIRCUITO...243
        9.2.1   Partes por millón 244
        9.2.2   Medición en ppm..246
        9.2.3   Aclaraciones 249
9.3   EL CÓDIGO 253
9.4   PROBLEMAS Y SOLUCIONES 256
9.5   ACTIVIDADES..258
        9.5.1   Test de autoevaluación 258
        9.5.2   Ejercicios prácticos 258

GLOSARIO..**261**

MATERIAL ADICIONAL..**263**

ACERCA DEL AUTOR

Iván Lobo Varela nació en San Fernando del Valle de Catamarca, está casado y tiene dos hijos. Es ingeniero en electrónica, recibido en la Universidad Nacional de Córdoba, donde también estudió Ingeniería en Computación. En paralelo, estudió Ingeniería en Sistemas en la Universidad Tecnológica Nacional (Facultad Regional Córdoba), aunque descubrió que su verdadera pasión era la electrónica.

Ingresó a Telecom Argentina S.A. en 1999, donde se desempeñó en distintos puestos, desarrollando también software, y sistemas de control y automatización. Además de la programación, desarrollo y despliegue de aplicaciones ad hoc, se desempeñó como analista de procesos y casuísticas, campo en el que logró numerosos reconocimientos y distinciones. Actualmente lidera (como responsable) el equipo de instaladores de fibra óptica y servicios de Internet y televisión por IP en un par de provincias argentinas.

PRÓLOGO

En un planeta cada vez más digitalizado y automatizado, la curiosidad y la creatividad de las mentes inquisitivas encuentran su lugar en el apasionante universo de la electrónica. La placa Arduino Nano, con su tamaño compacto y su versatilidad, se ha convertido en una herramienta esencial para quienes desean explorar y experimentar con proyectos electrónicos.

Esta es una invitación a sumergirse en un maravilloso conjunto de circuitos, sensores y programas que componen una parte de la plataforma Arduino. A través de sus páginas, encontrarás tres proyectos básicos, pero igualmente interesantes, diseñados para ayudarte a comprender algunos fundamentos de programación y electrónica.

En estos proyectos descubrirás cómo medir temperaturas, interactuar con sensores y mucho más. Aprenderás a escribir el código, construir los circuitos y dar vida a estos proyectos en el mundo real. A medida que avances en la construcción, ganarás confianza y habilidades para emprender proyectos más complejos y desafiantes.

SOBRE ESTA OBRA

En este libro desarrollaremos seis proyectos interesantes. El nivel de conocimiento necesario para llevarlos a cabo es realmente bajo, solo necesitas entusiasmo y ganas de intentarlo para que funcionen tal y como esperamos. Este portal de entrada a la plataforma Arduino está pensado para todos aquellos que deseen aprender, experimentar y crear con la versátil y poderosa placa Arduino Nano.

Cada proyecto es un viaje en sí mismo, desde los conceptos más básicos de la electrónica y la programación hasta la creación de dispositivos funcionales y útiles. Descubrirás que el límite de lo que se puede lograr solo está determinado por la imaginación.

En el camino, nos sumergiremos en el emocionante mundo de la electrónica DIY/HTM (do it yourself, hazlo tú mismo), donde cada pieza de hardware y cada línea de código serán explicadas para que Arduino Nano se convierta en un compañero de confianza, y cada proyecto sea un paso para un viaje de aprendizaje y descubrimiento.

Parte 1

Reloj Arduino
Contador de objetos
Estación meteorológica

1

RELOJ ARDUINO

Nuestro primer proyecto consiste en un reloj digital. Utilizaremos una placa Arduino Nano, un teclado de membrana, un reloj de tiempo real y un display LCD.

1.1 ARDUINO NANO

Es una **placa de desarrollo** que ofrece varias ventajas para todos los interesados en la electrónica y la programación. Algunas de ellas son:

- **Tamaño compacto**: es muy pequeña, lo que la hace ideal para proyectos en los que el espacio es limitado. Esto la diferencia de otras placas Arduino más grandes y la vuelve adecuada para este proyecto.

- **Versatilidad**: a pesar de su tamaño reducido, Arduino Nano conserva muchas de las capacidades de las placas Arduino de mayores dimensiones.

- **Potencia de procesamiento**: aunque no es la placa Arduino más potente, aún ofrece suficiente potencia de procesamiento para la mayoría de los proyectos. Puede manejar tareas como el control de sensores, la comunicación y la lógica de control, sin problemas.

- **Compatibilidad con pines**: Arduino Nano mantiene una disposición de pines compatible con las placas Arduino más grandes, lo que facilita la conexión de sensores, actuadores y otros componentes electrónicos.

- **Variedad de entradas/salidas**: a pesar de su tamaño, Arduino Nano incluye una buena cantidad de pines digitales y analógicos, lo que permite conectar una variedad de dispositivos y sensores.

▼ **Conectividad USB**: incluye un conector USB que permite una fácil conexión a un ordenador para programar la placa.

▼ **Costo**: es relativamente económica en comparación con otras placas Arduino más avanzadas, y esto la hace atractiva para proyectos que tienen un presupuesto limitado.

▼ **Amplia comunidad y documentación**: Arduino cuenta con una gran comunidad de usuarios y una amplia cantidad de documentación, tutoriales y ejemplos disponibles en línea. Esto hace que sea más fácil para los principiantes y los usuarios experimentados encontrar ayuda y recursos para sus proyectos.

▼ **Facilidad de programación**: la programación de un Arduino Nano se realiza utilizando el entorno de desarrollo Arduino, que es conocido por ser amigable para principiantes. Esto facilita la creación y la carga de código en la placa.

▼ **Aplicaciones educativas**: debido a su tamaño, versatilidad y facilidad de uso, Arduino Nano es una excelente herramienta para la educación en electrónica y programación. Puede utilizarse en aulas y talleres para enseñar conceptos fundamentales de manera práctica.

En resumen, Arduino Nano es una placa de desarrollo compacta pero versátil que ofrece muchas ventajas, especialmente, en proyectos que requieren espacio limitado y en entornos educativos o de aprendizaje.

1.2 TECLADO DE MEMBRANA

Este dispositivo de entrada es de uso común y es utilizado en muchos dispositivos electrónicos, desde computadoras hasta electrodomésticos y aparatos industriales. Es una opción muy difundida debido a su bajo costo, diseño delgado y simplicidad en cuanto a fabricación y funcionamiento.

Existen distintos modelos y formatos, siendo el de 4x4 (cuatro filas y cuatro columnas) uno de los más comunes. Es el que utilizaremos en este proyecto, aunque se puede optar por otro de cualquier tamaño, modelo o diseño, siempre que sea matricial. Un teclado se denomina matricial cuando está compuesto por una matriz de botones o interruptores ordenados en filas y columnas. Esta distribución permite ampliar la cantidad de botones reduciendo el número de cables, siendo innecesario disponer de un cable por interruptor o botón. En caso de utilizar otro modelo de teclado, bastará con ajustar el software al tamaño de teclado elegido y las conexiones entre éste y Arduino.

Los teclados de membrana son fáciles de limpiar, pueden modificarse para ajustarlos a un diseño en particular, y tienen un muy bajo consumo de energía, lo que los vuelve ideales para sistemas o desarrollos alimentados a baterías.

Resisten mejor el desgaste causado por el uso constante en comparación con algunos teclados mecánicos. Son extremadamente delgados y ligeros, y esto hace que resulten adecuados para dispositivos portátiles o donde el peso es una cuestión para considerar. Por su estructura hermética, los teclados de membrana son resistentes al agua y al polvo, lo que aumenta su durabilidad y vida útil.

El hecho de ser silenciosos en comparación con los mecánicos los convierte en una buena elección para entornos de trabajo tranquilos.

Por último, algunos teclados de membrana modernos también cuentan con retroiluminación, que puede incluso personalizarse, una característica que resulta atractiva para jugadores y amantes de la estética.

La distribución de los contactos se realiza en filas y columnas.

En la imagen de la página siguiente se puede observar cómo están conectadas las filas (en verde) y las columnas (en violeta).

La fila uno está conformada por las teclas 1, 2, 3 y A.

La fila dos, por las teclas 4, 5, 6 y B.

La fila tres, por las teclas 7, 8, 9 y C;

y la fila cuatro, por las teclas *, 0, # y D.

Por su parte, la columna uno tiene las teclas 1, 4, 7 y *. La columna dos, las teclas 2, 5, 8 y 0. La columna tres, las teclas 3, 6, 9 y #; y la columna cuatro, las teclas con las letras A, B, C y D.

Para determinar qué tecla fue presionada, se deben revisar las combinaciones de contactos en filas y columnas. Así, si el usuario presiona la tecla 1, habrá conexión o circuito eléctrico entre la fila 1 y la columna 1 (en los números 1 verde y 5 violeta del esquema). Si se presiona la tecla C, entonces el circuito se cierra entre las filas 3 y columna 4 (contactos: 3 verde y 8 violeta).

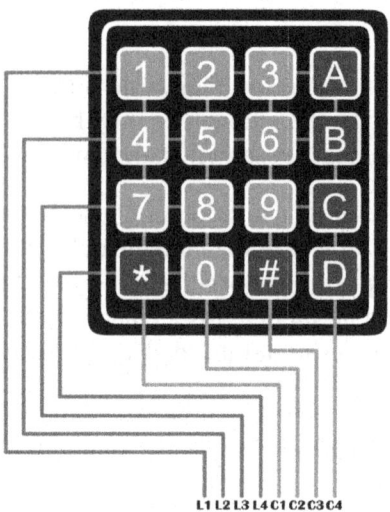

Figura 1.1. Los contactos para las filas 1 a 4 se identifican en verde, mientras que para las columnas, los contactos se identifican en violeta y del 5 al 8 en el esquema.

En el **IDE** de Arduino se utiliza la librería **Keypad.h** para el teclado. Basta con declararla para poder utilizar sus funciones, lo que evita tener que escribir y desarrollar el código necesario para controlar el teclado.

Declaración de la librería en el código:

```
#include <Keypad.h>
```

Con esta simple línea de código, podemos comenzar a utilizar las funciones de control del teclado.

Pero también hay que decirle a la librería cómo está compuesto el teclado, cuántas filas y columnas tiene, en qué pines de la placa está conectado y qué caracteres debe devolver cuando se presiona una tecla específica. Todo esto se hace con el siguiente código:

```
const byte ROWS = 4;
const byte COLS = 4;
char keys[ROWS][COLS] = {
  {'1', '2', '3', 'A'},
  {'4', '5', '6', 'B'},
  {'7', '8', '9', 'C'},
  {'*', '0', '#', 'D'}
};
```

```
byte rowPins[ROWS] = {9, 8, 7, 6};
byte colPins[COLS] = {13, 12, 11, 10};
Keypad keypad = Keypad (makeKeymap(keys), rowPins, colPins, ROWS, COLS);
```

Lo primero que debemos hacer es indicar cuántas filas y columnas tiene el teclado: Rows (filas) y Cols (columnas). Luego, se genera una matriz bidimensional de caracteres donde se especifican las letras y números que componen el teclado.

La disposición utilizada facilita la modificación según las necesidades del programador. Y como se puede inferir, si se presiona el 1, se devuelve el 1. Pero si el programador cambia el 1 por una letra Z en esa matriz bidimensional, al presionar el número 1 del teclado, la librería devolverá una letra Z.

Luego se declaran los **pines** donde se conectará el teclado a la placa Arduino: las filas en los pines 6 a 9 y las columnas en los pines 10 al 13. Se deberá respetar por supuesto el orden indicado en esta configuración (el pin 9 de la placa Arduino en el pin 1 del teclado, el pin 8 de Arduino en el 2 del teclado, y así respectivamente). De acuerdo con las necesidades del proyecto, estos pines pueden elegirse libremente.

La última línea de código genera un objeto Keypad configurado con la información necesaria para que la biblioteca pueda detectar y manejar las pulsaciones de las teclas del teclado de membrana conectado a la placa Arduino. En programación, un objeto es una entidad que combina datos y funciones relacionadas en una única unidad. Los objetos se utilizan para modelar y representar conceptos del mundo real en el código. Cada objeto tiene propiedades (datos) y métodos (funciones) que describen su comportamiento y características. En resumen, un objeto es una abstracción que encapsula datos y funciones relacionadas en un programa de ordenador.

Una de las grandes ventajas de la librería de teclado es que cuenta con control de antirrebote para evitar errores o falsas lecturas en el uso del teclado, una función realmente fantástica. Antirrebote es un término utilizado en ingeniería electrónica para describir un fenómeno físico que ocurre cuando un interruptor mecánico es presionado o liberado. Los interruptores, por su naturaleza física, pueden generar múltiples señales eléctricas rápidas y oscilantes en un corto período de tiempo cuando se presionan o liberan. Esto puede interpretarse incorrectamente como múltiples pulsaciones en vez de una sola. En electrónica, el sistema antirrebote se implementa utilizando componentes como condensadores y resistencias para filtrar las fluctuaciones de señal generadas por los botones. En programación, se logra ignorando los cambios de estado dentro de un corto período después de detectar un cambio inicial, para asegurar que solo se registre una única pulsación o liberación del botón.

Y entonces, ¿cómo se obtiene la tecla presionada? Para esto se utiliza una función, **getkey**. Declaramos una **variable** tipo **char** y luego solicitamos la tecla presionada:

```
char tecla = keypad.getKey(); //Obtener la tecla //presionada
if (tecla != NO_KEY) {

    Serial.println("Tecla presionada: " + String(tecla));
}
```

En estas líneas está declarada la variable "tecla", que es del tipo **char**, y la asignación mediante la función **getkey**, que devuelve el valor de la tecla presionada.

Luego, la sentencia **if** verifica si el valor devuelto por la función es distinto de **NO_KEY**, es decir, diferente de la tecla no presionada.

Ejemplo: supongamos que se presionó la tecla 9. Entonces la función devuelve '**9**' y, como es un valor distinto de **NO_KEY**, en el monitor serial se verá la leyenda "Tecla presionada: 9".

1.3 RTC

Real Time Clock significa reloj de tiempo real. Este módulo de expansión para la placa Arduino se ocupa de generar la información de tiempo de manera automática y muy precisa.

Consiste en un circuito integrado sobre una placa de circuito impreso, que cuenta con un oscilador a cristal muy preciso y, en algunos modelos, con compensación de temperatura. Al integrar el oscilador a cristal en el propio circuito, y si está compensado en temperatura, se asegura una muy buena precisión a largo plazo.

Los osciladores a cristal suelen verse afectados por los cambios de temperatura ambiente donde funcionan. Al estar compensados en temperatura, se mejora considerablemente su fiabilidad y precisión.

Son ideales para aplicaciones donde este es un factor para tener en cuenta.

Algunas placas disponen de alojamiento para una pila del tipo CR2032 o similar para evitar la pérdida de la hora programada en caso de que se interrumpa la energía. Este tipo de placa es recomendable porque otorga un mayor grado de seguridad a todo el sistema. Nunca se sabe cuándo puede producirse un corte de energía, y esa sencilla pila puede evitar el trabajo de reprogramar la hora del sistema.

Para mencionar solo un par de RTCs, podemos nombrar al RTC DS1307 y al RTC DS3231. El primero es uno de los más comunes y ampliamente utilizados. Es fácil de obtener y funciona bien para aplicaciones básicas. Tiene una precisión de segundos y se comunica a través del protocolo I2C. El segundo es conocido por su alta precisión y estabilidad a lo largo del tiempo. Tiene una precisión de segundos y posee compensación de temperatura en su funcionamiento, además de que se comunica a través de I2C.

Figura 1.2. RTC DS1307: este modelo de Maxim Integrated es muy popular y ampliamente utilizado en proyectos de electrónica y sistemas embebidos, aun cuando no posee compensación de temperatura interna.

El RTC adecuado dependerá de distintos factores, características específicas necesarias (como compensación de temperatura, disponibilidad de alarmas, precisión, etc.) y de la interfaz de comunicación preferida (I2C, SPI, 3 cables, etc.). Es importante consultar las hojas de datos y las especificaciones de cada modelo para tomar la decisión correcta según los requerimientos del proyecto.

Al igual que con el teclado de membrana, Arduino dispone de librerías para su uso:

```
#include <Wire.h>
#include <RTClib.h>
```

Como se observa en las líneas precedentes, para el uso del reloj de tiempo real en general se declaran dos bibliotecas: la específica para el RTC y **Wire.h**.

La librería **Wire.h** es necesaria para poder usar la capacidad de comunicación mediante el protocolo serial síncrono I2C del cual dispone la placa Arduino Nano. Este protocolo fue desarrollado por Philips Semiconductor en los años 80 y se ha convertido en un estándar ampliamente adoptado para la interconexión de dispositivos en sistemas electrónicos.

Utilizaremos este protocolo para conectar el RTC ya que facilitará considerablemente el trabajo de programar la comunicación entre la placa Arduino y el reloj, y así obtener información de él. Por lo tanto, para aprovechar este protocolo es necesario incluir la librería Wire.

Declarada la librería, podemos utilizar los pines ADC4 y ADC5 para conectar dispositivos y realizar comunicaciones mediante el protocolo I2C. Estos pines se emplean para las comunicaciones maestro-esclavo, donde la placa Arduino es el maestro y controla la comunicación y sincronización, y el RTC es el esclavo que proporciona la información requerida por el maestro.

El protocolo I2C utiliza solo dos pines:

▶ **SDA (Serial Data Line)**: línea para transmitir datos bidireccionalmente entre el maestro y los esclavos. En la placa Arduino Nano utiliza los pines A4 o ADC4.

▶ **SCL (Serial Clock Line)**: línea para sincronizar las transferencias de datos entre los dispositivos. En la placa Arduino Nano utiliza los pines A5 o ADC5.

Ventajas del protocolo:

▶ **Velocidades de comunicación**: I2C admite diferentes velocidades de comunicación (por ejemplo, 100 kbit/s), aunque se ha probado hasta velocidades de reloj de 3,4 MHz, entre otras. La velocidad depende de las capacidades de los dispositivos y de la longitud de los cables.

▶ **Arbitraje**: I2C incluye mecanismos para resolver conflictos en el bus cuando varios dispositivos intentan transmitir al mismo tiempo.

Aprovechar las ventajas de la librería y la baja cantidad de pines requeridos por el protocolo I2C permite liberar pines de la placa Arduino para otras funciones y realizar la codificación con muy pocas líneas.

En cuanto al código, por ejemplo, para ajustar la hora del reloj basta una línea de código como la siguiente:

```
rtc.adjust(DateTime(año, mes, día, hora, minutos, segundos));
```

Una sola línea de código, y el RTC comenzará a funcionar de manera automática.

Ahora bien, en esa línea de código: ¿qué son **rtc** y **DateTime**? **rtc** se refiere a un objeto que representa un módulo RTC dentro del programa. Como se mencionó anteriormente, un objeto tiene propiedades (datos) y métodos (funciones) que describen su comportamiento y características.

DateTime es una clase utilizada por la biblioteca **RTClib.h** para manejar y representar fechas y horas. Permite crear objetos que almacenan información sobre una fecha y hora específicas, lo que facilita la manipulación de tiempo. Una clase es una plantilla o diseño que define cómo deben ser los objetos, y qué comportamientos y propiedades deben tener. Cuando hablamos de una clase proporcionada por una librería, nos referimos a una definición de clase que está contenida en una librería de software. Estas librerías a menudo incluyen clases que encapsulan ciertas funcionalidades para que los programadores puedan usarlas sin tener que escribir el código desde cero, como vimos anteriormente.

La clase **DateTime** es una clase proporcionada por la librería **RTClib**. Está diseñada para manejar y trabajar con fechas y horas. Al utilizarla, se pueden aprovechar las funcionalidades listas para usar.

Entonces, antes de indicar la instrucción anterior, se debe definir el objeto previamente con el siguiente código:

```
RTC_DS1307 rtc; //Crea el objeto 'rtc' para una //placa modelo DS1307
```

Una variable de la clase **DateTime** se puede definir, a su vez, con la siguiente línea de código:

```
DateTime ahora = DateTime(año, mes, día, hora, minutos, segundos);
```

La variable **ahora** es de la clase **DateTime** y se puede utilizar para configurar una fecha y hora o una alarma en el RTC. Veamos un ejemplo:

```
RTC_DS1307 rtc; //Crear objeto tipo RTC


rtc.adjust(DateTime(1981, 08, 12, 10, 30, 00));
   //Ajustar fecha y hora
```

Con esta instrucción se configura el RTC con la hora 10:30:00 del 12 de agosto de 1981, fecha en la que IBM lanzó el IBM PC, primer ordenador o computadora personal de producción en masa. El formato corresponde a cuatro dígitos para el año, dos para el mes, dos para el día, etc.

También podría hacerse de la siguiente manera:

```
RTC_DS1307 rtc;     //Crear objeto tipo RTC

DateTime fecha = DateTime(1981, 08, 12, 10, 30, 00));

rtc.adjust(fecha); //Ajustar fecha y hora
```

Donde **fecha** es la variable de la clase **DateTime**.

La simplicidad del código es una ventaja del uso de la librería.

1.4 DISPLAY LCD 16X2

Este dispositivo de salida, también conocido como display inteligente, es muy común en proyectos con microcontroladores y placas de desarrollo Arduino.

Permite mostrar al usuario cualquier texto o número en dos líneas de hasta 16 caracteres cada una.

Estos displays o pantallas LCD se pueden adquirir con distintos colores de letras y fondos: verde, azul, ámbar, etc. Disponen de comunicación I2C, son alfanuméricos, tienen un bajo consumo de energía, permiten controlar el contraste de la pantalla y cuentan con retroiluminación (backlight). Son muy populares debido a su facilidad de uso y a su capacidad para mostrar información de manera clara y legible. Por supuesto, Arduino cuenta con librerías para manejarlos fácilmente.

En general, los displays LCD cuentan con 14 pines de conexión más dos para el backlight.

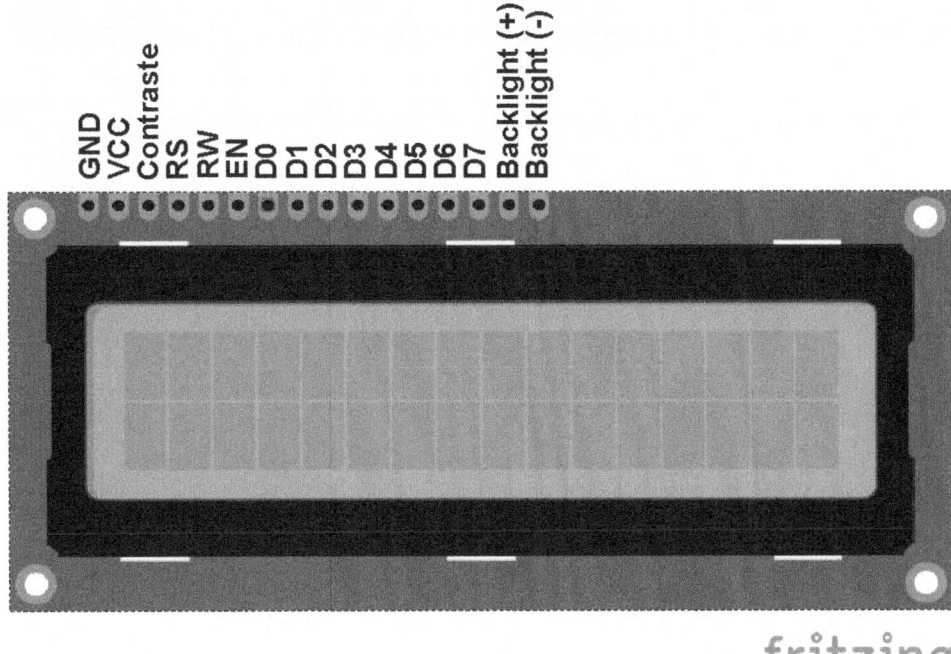

Figura 1.3. Si bien el display tiene 8 pines de datos (D0 a D7) para enviarle información, en general se utilizan solo 4. Por ejemplo, en una placa Arduino Nano o Micro, donde la cantidad de pines es menor en comparación con placas más grandes. Es decir que la cantidad a utilizar dependerá de la disponibilidad de pines del proyecto.

La principal diferencia entre conectar 4 u 8 pines radica en la velocidad de comunicación de la placa con el display. Mientras que enviarle datos usando 8 pines puede requerir un ciclo de reloj, utilizando 4 pines se requieren 2 ciclos lógicamente. Esto es casi imperceptible para el usuario. Ambos métodos son comunes y ampliamente utilizados.

En cuanto al backlight, o retroiluminación, se dispone de dos pines específicos, en general nombrados Led A y Led K, o simplemente, A y K (ánodo y cátodo), dado que se trata de leds. Es decir, poseen polaridad y debe respetarse. También, y como medida de seguridad, se coloca una resistencia de 220 Ω para controlar la corriente. Si bien esta resistencia puede modificarse para lograr más o menos iluminación, 220 ohms es un valor típico.

Respecto al contraste, este parámetro se controla por medio del pin Vc, y lo usual es utilizar un potenciómetro lineal de 10 KΩ, que permite ajustar a gusto. También puede colocarse una resistencia fija con un valor acorde a la necesidad del usuario.

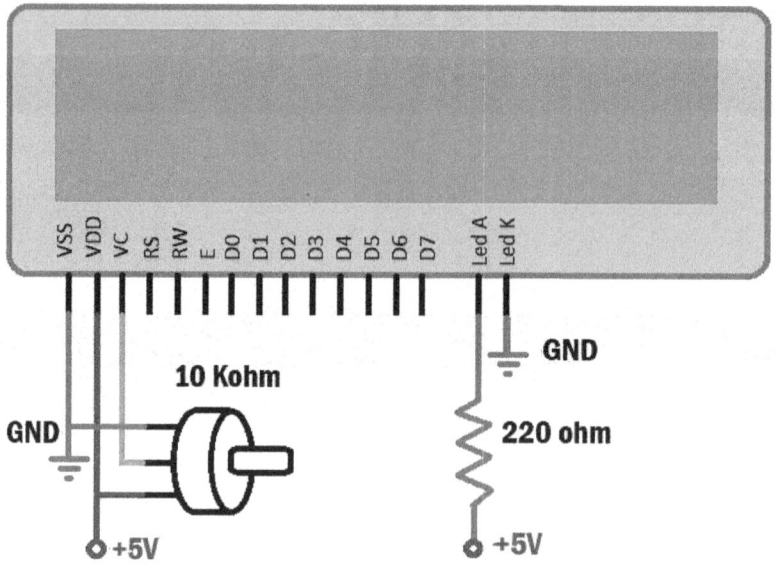

Figura 1.4. El display requiere la conexión de una resistencia de 220 Ω para el backlight y un potenciómetro de 10 kΩ para el control de contraste.

Los pines RS, RW y E corresponden a los pines de control del display.

Analicemos cada uno de ellos:

▸ **RS (Register Select)**: se utiliza para seleccionar si pretendemos enviar comandos (RS=0) o datos (RS=1) al display. Los comandos se utilizan para configurar la pantalla, mientras que los datos se usan para mostrar caracteres. Por ejemplo: un comando sería indicarle al display en qué lugar queremos escribir algo: en la fila uno, dos, etcétera, y a partir de qué columna. Luego, los datos serán aquellos que queremos exhibir en la pantalla lógicamente.

▸ **RW (Read/Write)**: se utiliza para seleccionar si la acción será de lectura (RW=1) o escritura (RW=0) del display. En la mayoría de las aplicaciones, se configura en modo escritura (RW=0) conectándolo a masa, ya que normalmente solo se escriben datos en el display.

▶ **E (Enable)**: el pin de habilitación se utiliza para indicar al display cuándo debe leer o escribir datos. Se envía un pulso alto en este pin para ejecutar una operación de lectura o escritura. Es decir, cuando los datos enviados al display están listos para ser escritos o cuando estemos listos para leer datos desde el display, enviamos un pulso al pin E para que se pueda realizar la operación de lectura o escritura.

Veamos entonces cómo programarlo utilizando las librerías del IDE de Arduino.

La librería para controlar un display del tipo LCD se llama **LiquidCrystal.h**:

```
#include <LiquidCrystal.h>
```

Con esta línea de código se la incluye en el programa para el manejo del display LCD.

Ahora, debemos inicializarlo e indicarle a la placa dónde está conectado:

```
#include <LiquidCrystal.h>

LiquidCrystal lcd(RS, E, D4, D5, D6, D7); //Conexión del display
```

Con una sola línea de código configuramos la conexión a la placa Arduino creando **lcd**, es decir, un objeto LCD dentro del código.

Luego se indican los pines a conectar. Un ejemplo muy común es utilizar los pines 12 para RS, 11 para E y 5 para D4, 4 para D5, 3 para D6 y 2 para D7.

La instrucción sería la siguiente:

```
#include <LiquidCrystal.h

LiquidCrystal lcd(12, 11, 5, 4, 3, 2); //Conexión del display a la placa
```

Ahora debemos inicializarlo e indicar qué tipo de display LCD está en uso, es decir, cuántas filas y columnas posee. Para nuestro reloj digital utilizaremos un LCD de 2 filas y 16 columnas:

```
void setup() {
    lcd.begin(16, 2);   //Inicializar display 16x2
}
```

La librería dispone de varias funciones que facilitan la programación. Las principales son:

➤ **lcd.clear()**: borrar cualquier información que exista en la pantalla.

➤ **lcd.setCursor(x,y)**: posicionar el cursor para empezar a escribir en la posición x,y (fila y columna respectivamente).

➤ **lcd.print("Texto a mostrar")**: escribir en la pantalla 'Texto a mostrar', desde la posición en que se encuentre el cursor.

➤ **lcd.blink()**: activar el parpadeo del cursor en la posición actual.

➤ **lcd.noBlink()**: desactivar el parpadeo del cursor en la posición actual.

También existen otras como **cursor** y **noCursor** o **scrollDisplayLeft()** y **scrollDisplayRight()**, que muestran el cursor o desplazan el texto a izquierda o derecha.

Veamos un ejemplo sencillo:

```
#include <LiquidCrystal.h>

LiquidCrystal lcd(12, 11, 5, 4, 3, 2);
    //Conexión del display a la
    //placa Arduino
int contador = 0;   //Variable tipo entero

void setup() {
    lcd.begin(16, 2);   //Inicializar display 16x2
}

Void loop() {
    lcd.clear();             //Borrar la pantalla
    lcd.setCursor(0,0);      //Ir a columna 0 y fila 0
    lcd.print("Hola mundo"); //Escribir mensaje
    lcd.setCursor(0,1);      // Ir a columna 0 y fila 1
    lcd.print(contador);     //Escribir valor de variable
    contador++;              //incrementar variable
    delay(1000);             //Esperar un segundo
}
```

Con este código se muestra el mensaje "**Hola mundo**" en la primera línea o fila, y en la segunda se muestra el valor de la variable que se modifica cada 1 segundo. Es decir que en la segunda fila se verá un número que se incrementa en una unidad por cada segundo transcurrido.

1.5 EL CIRCUITO

Ya tenemos todo listo para construir el reloj digital. Las conexiones necesarias se muestran a continuación; hay que prestarles mucha atención para evitar cortocircuitos y conexiones fallidas, y así lograr que el reloj funcione correctamente.

La manera más cómoda de construir el circuito es utilizar una placa **protoboard**. Se trata de una placa de pruebas muy utilizada en prototipos y circuitos electrónicos temporales porque evita tener que soldar los componentes. Es una herramienta esencial en el desarrollo de proyectos electrónicos, y permite a los diseñadores y experimentadores modificar, conectar y reemplazar componentes electrónicos de manera rápida y sin daños, lo que facilita la prueba de cualquier desarrollo.

Una vez que el circuito ha sido probado y funciona como se espera, se puede realizar el circuito impreso final para soldar los componentes del proyecto y montarlo de manera permanente. Un circuito impreso, comúnmente conocido como PCB (siglas en inglés de Printed Circuit Board), es una placa que se utiliza para conectar componentes electrónicos en dispositivos electrónicos y sistemas. Los PCB son una parte esencial de la mayoría de los dispositivos electrónicos modernos, y se usan para proporcionar conexiones eléctricas confiables y organizadas entre los componentes. En la superficie del PCB, se colocan pistas conductoras de cobre. Estas conectan los componentes electrónicos entre sí y con fuentes de energía, reemplazando las conexiones por cable.

Una placa protoboard o de pruebas o de prototipos está compuesta por orificios de conexión generalmente organizados en filas y columnas, en los cuales se pueden insertar los alambres y los componentes electrónicos para lograr la conexión física. Cada orificio está conectado eléctricamente a otros orificios dentro de la misma fila o columna.

Existen placas estándar de 830 puntos u orificios, de 400, 270, 70, etc.

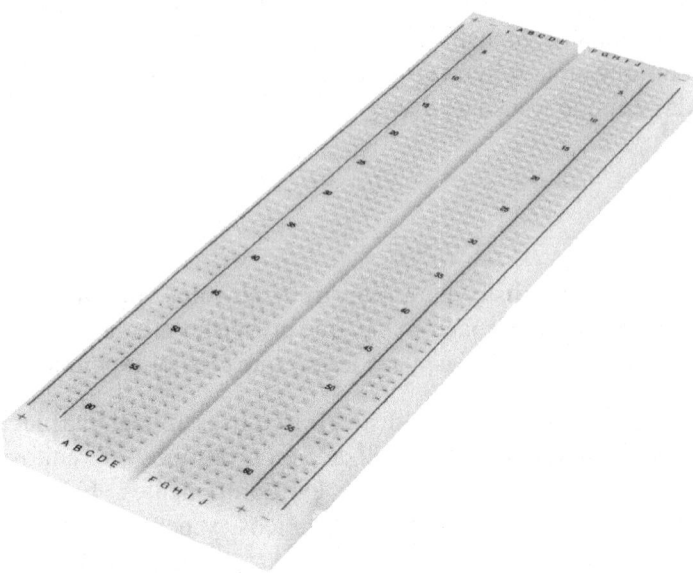

Figura 1.5. Placa protoboard de 830 orificios.

Lo primero que haremos será colocar la placa Arduino en la protoboard entre los orificios 1 y 15. Luego conectamos un cable desde el pin **5V** de la placa Arduino a la alimentación. En general se utilizan las filas de orificios marcados en rojo y azul para conectar la alimentación (rojo = +5V y azul = GND). Conectaremos la alimentación en el último paso de la construcción.

Luego colocamos el RTC en otro espacio disponible de la placa, por ejemplo, entre los orificios 25 y 30 de la protoboard y del lado izquierdo o derecho según resulte más cómodo. Unimos la alimentación a las filas rojas y azul, y los pines SDA del RTC al pin A4 (o ADC4), y SCL al pin A5 (o ADC5) de la Arduino Nano.

Una vez conectado el reloj, procedemos con el LCD 16x2. Los pines del display y de Arduino se deben conectar de esta manera:

- Pin D2 o pin número 5 de la placa Arduino al pin 14 del LCD

- Pin D3 o pin número 6 de la placa Arduino al pin 13 del LCD

- Pin D4 o pin número 7 de la placa Arduino al pin 12 del LCD

- Pin D5 o pin número 8 de la placa Arduino al pin 11 del LCD

- Pin D11 o pin número 14 de la placa Arduino al pin 4 del LCD

➤ Pin D12 o pin número 15 de la placa Arduino al pin 6 del LCD

➤ El pin E del LCD se debe conectar a GND. Y los pines VCC y VSS, a la alimentación (±5V respectivamente).

➤ Los pines Led A y led K, como dijimos anteriormente, se conectan con una resistencia de 220 Ω para la retroalimentación. El pin Vc del display se debe conectar al contacto central de un potenciómetro de 10 KΩ. Los extremos del potenciómetro, a 5V y GND.

Es importante verificar que los pines del LCD coincidan con esta disposición para evitar cualquier conexión errónea que termine dañando el display. La indicada es una disposición estándar, pero no es única y puede modificarse según los requerimientos.

A continuación, se presenta el diagrama de conexiones y la tabla de pines de la placa Arduino Nano con cada dispositivo. Esta disposición de pines corresponde al código que se propone para este proyecto.

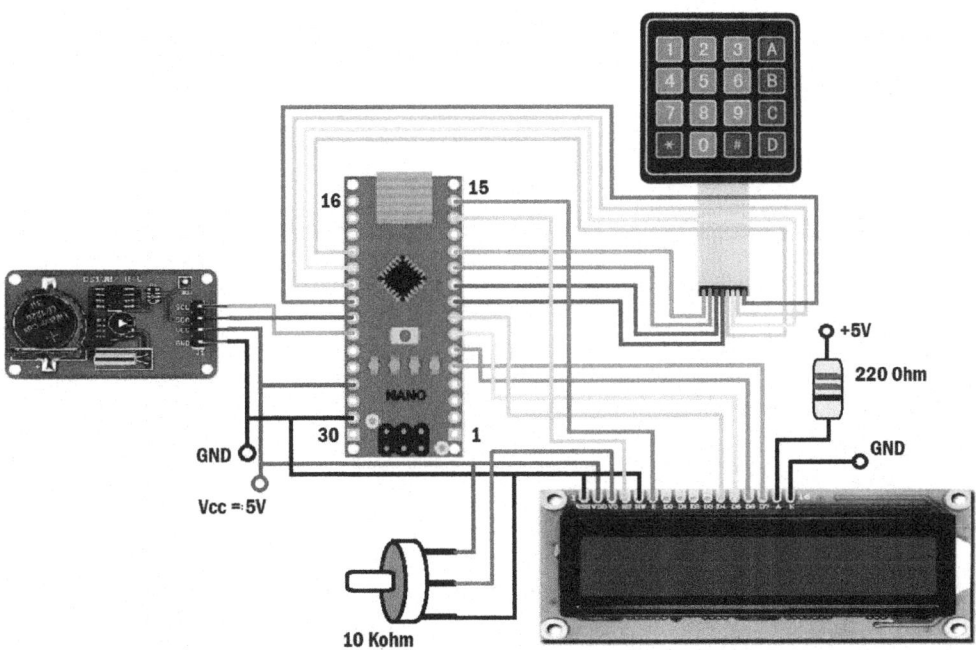

Figura 1.6. Diagrama de conexiones entre los distintos dispositivos y la placa Arduino. El software propuesto coincide con esta disposición.

TABLA DE PINES			
Pin Arduino	Dispositivo	Pin dispositivo	Descripción
1			
2			
3			
4			
5	LCD	14	D7
6	LCD	13	D6
7	LCD	12	D5
8	LCD	11	D4
9	TECLADO	4	Pin 4
10	TECLADO	3	Pin 3
11	TECLADO	2	Pin 2
12	TECLADO	1	Pin 1
13			
14	LCD	4	E
15	LCD	6	RS
16			
17			
18			
19	TECLADO	5	Pin 5
20	TECLADO	6	Pin 6
21	TECLADO	7	Pin 7
22	TECLADO	8	Pin 8
23	RTC	3	SDA
24	RTC	4	SCL
25			
26			
27	5V		
28			
29	GND		
30			

1.6 EL CÓDIGO

El circuito ya está ensamblado. Ahora vamos a desarrollar el firmware. Se trata de un programa informático, un tipo de software diseñado para ejecutar en dispositivos embebidos. Un **dispositivo embebido** es un dispositivo electrónico autónomo y especializado, diseñado para llevar a cabo una función o un conjunto limitado de funciones de manera dedicada. Estos dispositivos embebidos están presentes en una amplia variedad de aplicaciones y sectores, y se caracterizan por su diseño compacto y su capacidad para funcionar de manera autónoma, sin necesidad de intervención humana constante.

El software que se ejecuta en un sistema embebido está diseñado para controlar y coordinar las funciones del hardware, y puede variar desde sistemas operativos en tiempo real (RTOS) hasta software de aplicación específico. Este software permite que el sistema embebido realice sus tareas de manera eficiente y precisa. Proporciona instrucciones y control para que el hardware lleve adelante sus tareas específicas y funcione de acuerdo con su propósito. En el IDE de la plataforma Arduino, a este programa también se lo llama **sketch**.

Lo primero que tenemos que hacer es incluir las librerías necesarias, como ya vimos anteriormente. Luego, se declaran las variables y la configuración de pines para cada dispositivo. Se crean los objetos que se precisen, se los inicializa y se desarrolla el código principal.

Incluimos las librerías necesarias y declaramos los pines a utilizar:

```
#include <Wire.h>
#include <RTClib.h>
#include <LiquidCrystal.h>
#include <Keypad.h>


RTC_DS1307 rtc;                    //Crea el 'rtc' para una placa modelo
DS1307

LiquidCrystal lcd(12, 11, 5, 4, 3, 2); //Conexión del display a Arduino

const byte ROWS = 4;
const byte COLS = 4;
char keys[ROWS][COLS] = {
  {'1', '2', '3', 'A'},
  {'4', '5', '6', 'B'},
  {'7', '8', '9', 'C'},
```

```
   {'*', '0', '#', 'D'}
};
byte rowPins[ROWS] = {9, 8, 7, 6};
byte colPins[COLS] = {A0, A1, A2, A3};
Keypad keypad = Keypad( makeKeymap(keys), rowPins, colPins, ROWS, COLS );
```

Inicializamos los dispositivos:

```
void setup() {
    lcd.begin(16, 2);    //Inicializar display 16x2
    Wire.begin();        //Inicializar comunic.I2C
    rtc.begin();         //Inicializar el reloj RTC

}
```

Ahora que están declaradas las librerías y objetos, y realizadas las inicializaciones correspondientes, desarrollemos el código.

1.6.1 Funcionamiento

Al iniciar el sistema, deberá solicitar al usuario que ingrese la hora actual. Para esto, solicitará el ingreso de la hora en números de 0 a 23, y luego los minutos de 0 a 59. Para aceptar los valores, podemos usar el símbolo # como ENTER y agregar el símbolo * para borrar el último carácter ingresado. Así, en caso de error, se puede borrar y reingresar sin necesidad de reiniciar todo el sistema.

Además debemos controlar que los valores que se coloquen no superen los límites lógicos; no debemos permitir, por ejemplo, 74 horas 2111 minutos. Por lo tanto, vamos a controlar también que se ingresen en el rango indicado: horas de 0 a 23 y minutos de 0 a 59.

Una vez que el usuario indique los datos, el reloj comenzará a funcionar exhibiendo hora, minutos y segundos en el display.

Podemos agregar una funcionalidad al sistema para dejar que el usuario modifique la hora actual cada vez que presione la letra **C**, solicitando el reingreso de la hora:

```
// Declaración de librerías y variables necesarias
#include <Wire.h>
#include <RTClib.h>
#include <LiquidCrystal.h>
#include <Keypad.h>
```

```
RTC_DS1307 rtc; //Crea el objeto 'rtc' para una placa modelo DS1307

LiquidCrystal lcd(12, 11, 5, 4, 3, 2); //Conexión del display a la placa

const byte ROWS = 4;
const byte COLS = 4;
char keys[ROWS][COLS] = {
  {'1', '2', '3', 'A'},
  {'4', '5', '6', 'B'},
  {'7', '8', '9', 'C'},
  {'*', '0', '#', 'D'}
};
byte rowPins[ROWS] = {9, 8, 7, 6};
byte colPins[COLS] = {A0, A1, A2, A3};
Keypad keypad = Keypad( makeKeymap(keys), rowPins, colPins, ROWS, COLS );

char key;

//*** CONFIGURACIÓN INICIAL ***
void setup() {
   Wire.begin();
   rtc.begin();
   lcd.begin(16, 2); // Inicialización del LCD
   int Hora = PedirDato("Hora (0-23) + #", 0 ,23);
   int Minutos = PedirDato("Minutos(0-59) +#", 0 ,59);
   rtc.adjust(DateTime(2023, 11, 1, Hora, Minutos, 0));
}


void loop() {

//*** MOSTRAR HORA ACTUAL ***
   lcd.setCursor(0, 0);
   DateTime now = rtc.now();
   lcd.print("Hora: ");
   if (now.hour() < 10) {
   lcd.print("0"); // Agrega un 0 si los minutos son menores a 10
}
lcd.print(now.hour());
lcd.print(":");
if (now.minute() < 10) {
   lcd.print("0"); // Agrega un 0 si los minutos son menores a 10
}
lcd.print(now.minute());
lcd.print(":");
if (now.second() < 10) {
```

```
    lcd.print("0"); // Agrega un 0 si los minutos son menores a 10
}
lcd.print(now.second());

//*** VERIFICAR SI SE PRESIONÓ UNA TECLA ***
key = keypad.getKey();
if (key != NO_KEY) {
    if (key == 'C') { //Reingresar hora del reloj
        lcd.clear();
        lcd.setCursor(0,0);
        lcd.print("Reingrese hora:"); // Muestra el //mensaje para reingresar //la
hora en la primera //fila
        delay(2000);
        int Hora = PedirDato("Hora (0-23) + # " , 0 ,23);
        int Minutos = PedirDato("Minutos(0-59) +#", 0 ,59);
        rtc.adjust(DateTime(2023, 11, 1, Hora, Minutos, 0));
//Configurar // el RTC con los datos del // usuario
    }
    }
}

int PedirDato(String texto, int minVal, int maxVal) { //Ingresar información
//al sistema
    String timeStr = ""; //Declaración de variables
    int value = 0;
    char key;
    boolean DatoOK=false;
    do {
        lcd.clear();            //Borrar pantalla
        lcd.setCursor(0, 0);    //Ir a fila y columna 0
        lcd.print(texto);       //Mostrar el texto
        lcd.setCursor(0, 1);    //Cambiar fila 1
        value = 0;              //Tomar valor cero

    do {
        key = keypad.getKey();
        if (key >= '0' && key <= '9') { //Verificar //que sea número
        timeStr += key;
        lcd.print(key); // Mostrar el valor en LCD
    }
        if (key == '*' && timeStr.length() > 0) {
        timeStr.remove(timeStr.length()-1);
        lcd.setCursor(timeStr.length(), 1);
        lcd.print(" ");
// Borrar el último dígito en el LCD
```

```
        lcd.setCursor(timeStr.length(), 1); // retroceder una posición
      }
  } while (key != '#');

      value = timeStr.toInt();
      if (value > maxVal) { // Verificar que el valor sea correcto
      // después de presionar #
      DatoOK=false;     // El dato es incorrecto
      timeStr = "";     // Borrar variable
      lcd.clear();      // Borrar la pantalla
      lcd.setCursor(0,0);   // Ir a primera fila
      lcd.print("ERROR. REINGRESE");
      lcd.setCursor(0,1);   // Cambiar fila en LCD
      lcd.print("DATO");
      delay(2000);       // Esperar 2 segundos
    } else {
      DatoOK=true;       // El dato es correcto
    }
    lcd.clear();       // Borrar la pantalla
    }while (!DatoOK);       // Dato OK, salir
    return value;       // Devolver el valor
}

//FIN DEL PROGRAMA
```

1.7 PROBLEMAS Y SOLUCIONES

Es posible encontrar algunas fallas de funcionamiento del sistema al encenderlo por primera vez. Las más comunes son siempre las de conexiones o cableado. Debemos verificar entonces cada conexión en detalle antes de encenderlo, para evitar falsos contactos o cortocircuitos. En general, los falsos contactos solo provocan fallas de operación. En cambio, los cortocircuitos pueden causar daños irreversibles en uno o en todos los componentes del proyecto.

Por otro lado, según la versión del IDE que tengamos instalado, y de las librerías disponibles, es posible que el compilador presente algunos errores. Es por eso que también se describen a continuación algunos posibles problemas y sus respectivas soluciones:

▶ **Problema**: el sistema está enchufado y no enciende.

▶ **Solución**: verificar las conexiones, empezando por las de la fuente de alimentación. Se requiere que esta tenga al menos 500 mA de corriente y 5 voltios estabilizados (disponibles en un puerto USB de cualquier ordenador). Luego de verificar la fuente y su tensión, revisar las conexiones de alimentación de cada dispositivo, empezando por Arduino (¿enciende el led de la placa?), luego el LCD, RTC y teclado. Si todas las conexiones son correctas, el puerto USB entrega los 5V y aun no enciende, es posible que la placa Arduino esté dañada.

▶ **Problema**: el sistema enciende pero no se observa nada en el display.

▶ **Solución**: primero hay que verificar que las conexiones estén correctamente realizadas. Comprobamos que los cables de alimentación no estén invertidos. Luego revisamos si el backlight está bien conectado, ¿está encendida la pantalla con su luz de fondo? Luego verificamos que el **potenciómetro** de 10 KΩ se encuentre en la posición central y realizamos movimientos suaves hacia ambos lados, buscando la mejor posición de contraste. Este potenciómetro permite ajustar el contraste y la visibilidad para una mejor experiencia de uso o personalización de la pantalla, pero si está en máximo o mínimo, es posible que el display no pueda leerse fácilmente.

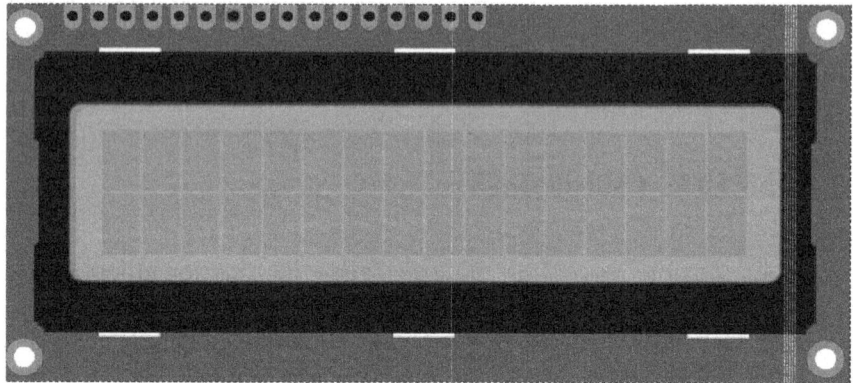

Figura 1.7. Imagen aproximada de un display LCD que tiene exceso o falta de contraste. Para resolver el inconveniente, giramos el potenciómetro desde la posición central hasta ambos lados.

▶ **Problema**: el sistema pierde la hora si se desconecta la energía.

▶ **Solución**: primero debemos verificar que la pila o batería esté bien colocada, dado que su forma permite colocarla de manera incorrecta. Revisamos las indicaciones de la placa adquirida; en general, se colocan con la inscripción en bajo relieve hacia arriba. Como segunda opción verificamos que tenga carga. Si la falla persiste, es posible que se haya dañado el RTC.

Figura 1.8. Ubicación correcta de la batería de respaldo en una placa del dispositivo RTC. La polaridad se indica en bajo relieve.

▶ **Problema**: error de compilación en el IDE por falta de librería **Adafruit**.

▶ **Solución**: según la versión de compilador que se esté utilizando, es posible que la librería **RTClib.h** tenga referencias a la librería **Adafruit_I2C.h**. Si esta última no está instalada, el compilador indicará un error. Para resolver el problema, basta con incluirla desde el gestor de librerías del IDE (en el apéndice se presenta un procedimiento genérico para incluir librerías en el IDE).

En el ejemplo de código propuesto, se la puede incluir agregando la sentencia: **#include <Adafruit_I2C.h>**. Si el IDE que se utiliza no la tiene disponible para instalar, es posible obtenerla en Internet, ya que existen numerosos sitios que la ofrecen para descarga gratuita:

```
// Declaración de librerías y variables

#include <Wire.h>
#include <Adafruit_I2C.h>
#include <RTClib.h>
#include <LiquidCrystal.h>
#include <Keypad.h>
```

1.8 ACTIVIDADES

A continuación se presentan las preguntas y los ejercicios que deberías saber responder y resolver para considerar aprendido el capítulo.

1.8.1 Test de autoevaluación

1. *¿Por qué elegimos una placa Arduino Nano existiendo otras mucho más potentes y con más recursos?*

2. *¿Qué es I2C y para qué sirve?*

3. *¿Por qué usamos solo 4 pines de datos en un display LCD?*

4. *¿Qué es el antirrebote, por qué es necesario y dónde se utiliza?*

5. *¿Cuál es la ventaja de utilizar una librería?*

6. *¿Cómo podemos cambiar la respuesta del teclado a un valor que no tiene impreso en el frente?*

1.8.2 Ejercicios prácticos

1. *Prepara el entorno de trabajo, conecta solamente el teclado de membrana y modifica el software del reloj para que, cuando se presione la tecla "A", se encienda el led de la placa Arduino.*

2. *Analiza cómo se podría implementar una alarma que simplemente encienda un led cuando se alcance una hora programada en el sketch.*

3. *Modifica el código para que se pueda ingresar la fecha y cargarla en el RTC.*

4. *Intenta desarrollar el código necesario para implementar un reloj sin RTC.*

2

CONTADOR DE OBJETOS

El segundo proyecto que presentamos es un dispositivo contador de objetos. Cualquier objeto que se atraviese delante del sensor podrá ser contabilizado por el circuito e informado en un display LCD o enviado a un ordenador.

2.1 EL PROYECTO

La función principal de un contador de objetos es registrar cuántos objetos pasan por su área de detección o seguimiento. Puede utilizarse para llevar un registro de productos en una línea de ensamblaje, vehículos que ingresan a un estacionamiento, personas que entran o salen de un edificio, entre otros ejemplos.

Los contadores de objetos pueden basarse en diferentes tecnologías de detección, como sensores infrarrojos, sensores ultrasónicos, cámaras infrarrojas o térmicas, o incluso, sistemas más avanzados de inteligencia artificial y machine learning que pueden identificar y contar objetos de formas más complejas. Machine learning es una rama de la inteligencia artificial que enseña a las computadoras a aprender y tomar decisiones a partir de datos en vez de programación manual. Permite que las máquinas identifiquen patrones y mejoren su rendimiento con la experiencia, con lo cual pueden utilizarse en aplicaciones como el reconocimiento de voz o la visión por computador.

En resumen, un contador de objetos es una herramienta esencial para llevar un registro preciso de la cantidad de piezas de cualquier naturaleza que pasan por un punto o espacio específico, lo que puede ser valioso para el monitoreo, la automatización y la gestión en una variedad de aplicaciones y entornos.

Una vez más, aprovecharemos las ventajas de una placa de desarrollo Arduino común y económica para este proyecto. La versatilidad de esta placa permite construir este dispositivo con muy poco código y apenas dos periféricos adicionales: un display LCD 16x2 y un sensor ultrasónico. También podría utilizarse un sensor de infrarrojos para detectar cualquier objeto en reemplazo del ultrasónico. La selección del sensor dependerá de las necesidades de cada caso; este proyecto sirve como base para su aplicación. El código que proponemos en este ejemplo se aplica a cualquier sensor con pequeñas modificaciones y acordes al sensor elegido, lógicamente.

Aunque la elección de placa es Arduino Nano, cualquier otro Arduino puede usarse en el proyecto; incluso, la placa Arduino Mini, ya que si incluimos un display LCD y sumamos los pines necesarios para el sensor, solo se requieren 8 pines de entrada y salida en total. Y en caso de no incluir un display LCD, la cantidad de pines necesarios en la placa Arduino es de apenas 2.

2.2 SENSOR ULTRASÓNICO

Este dispositivo de entrada es económico, de uso común y muy difundido a nivel mundial. Se utiliza ampliamente en robótica, drones, control industrial, sensores de estacionamiento de automóviles, medición de niveles de líquidos, sistemas de alarma, cartografía, topografía, etc. Su funcionamiento se basa en la emisión de una onda sonora de alta frecuencia y la posterior espera del eco o reflexión de dicha onda. Por lo general, estos sensores utilizan frecuencias ultrasónicas en el rango de 20 kHz a 200 kHz. Esta gama de frecuencias es elegida por ser efectiva para la mayoría de las aplicaciones de detección de distancia y obstáculos, y no es perceptible para el oído humano.

2.2.1 Funcionamiento

Los sensores emiten pulsos de ultrasonido y miden el tiempo que el eco tarda en regresar después de rebotar contra el objeto. La velocidad del sonido en el aire se utiliza para calcular la distancia.

Sabemos que la velocidad del sonido en el aire es de 343 metros por segundo a 20°C de temperatura, 50% de humedad y una presión atmosférica igual a la presente a nivel del mar. Entonces podemos hacer un cálculo de distancia de la siguiente manera:

▶ **Distancia = Velocidad del sonido x Tiempo**

Esta ecuación nos dice que la distancia es igual a la velocidad de sonido multiplicada por el tiempo.

Entonces, primero convertimos las unidades a valores acordes a nuestro ejemplo y con fines didácticos:

343 metros por segundo es equivalente a 34.300 centímetros por segundo. Y por otro lado, un segundo es equivalente a 1.000.000 microsegundos.

Por lo tanto, la velocidad del sonido resulta:

▶ **343 m / 1 s = 34.300 cm / 1.000.000 μs = 0,0343 cm / μs**

Es decir, el sonido viaja a 0,0343 centímetros por microsegundo o bien, recorre 1 centímetro cada 29,2 μs:

▶ **1 [cm]/0,0343 [cm/μs]=29,2μs**

Con este dato podemos calcular la distancia, ya que si emitimos un pulso y este tarda:

▶ **29,2 μs x 2 = 58,4 μs**

Significa que el objeto está a 1 cm. Pero ¿por qué multiplicamos por dos? Esto lo tenemos que hacer porque el pulso emitido tarda 29,2 μs en llegar al objeto y luego tarda otros 29,2 μs en regresarnos el eco. Dicho de otra manera: emitimos el pulso y tarda 58,4 μs en regresar.

Sabiendo que el tiempo es por el viaje de ida y de vuelta, tenemos que dividir este tiempo por dos. Así, 58,4 μs dividido 2 es igual a 29,2 μs y, por lo tanto, el objeto está a un centímetro del sensor.

Si el tiempo desde que emitimos el pulso hasta que retorna el eco fuera de, por ejemplo, 175,2 μs, tenemos que dividirlo por dos:

▶ **175,2 μs / 2 = 87,6 μs**

Este tiempo corresponde a la distancia existente entre el sensor y el objeto viajando a la velocidad del sonido. Entonces, como sabemos que se tarda 29,2 μs en recorrer 1 centímetro, dividimos ese valor por 29,2 y obtenemos:

▶ **87,6 μs / 29,2 μs/cm = 3**

Es decir, el objeto está a 3 cm de distancia del sensor.

2.2.2 Características

Para decidirnos por el uso de estos sensores para este proyecto, tuvimos en cuenta las siguientes características generales de estos elementos:

▶ **Rango de medición**: los sensores ultrasónicos tienen un rango de medición típico que va desde unos pocos centímetros hasta varios metros, lo que depende del modelo elegido. Algunos sensores de ultrasonido de largo alcance pueden cubrir rangos de más de 10 metros.

▶ **Precisión**: la precisión de los sensores ultrasónicos puede variar según el modelo y las condiciones ambientales. En general, son precisos dentro de un margen aceptable para muchas aplicaciones.

▶ **Cono de detección**: la mayoría de los sensores ultrasónicos emiten ondas en un cono de detección, lo que significa que la precisión de la medición puede variar según la ubicación del objeto dentro de ese cono.

▶ **Fáciles de usar**: son relativamente fáciles de usar y se pueden conectar a microcontroladores como Arduino o Raspberry Pi sin inconvenientes.

▶ **No invasivos**: no requieren contacto físico con el objeto que se está midiendo, lo que los hace ideales para aplicaciones en las que se requiere una medición sin contacto.

▶ **Costo**: dependiendo del modelo elegido, el costo de un sensor ultrasónico puede rondar entre 15 y 20% del valor de una placa Arduino Nano. Es decir, resultan realmente económicos.

▶ **Aplicaciones comunes**: se utilizan en aplicaciones como sistemas de estacionamiento automático en automóviles, sistemas de medición de nivel de líquido, en robots para evitar obstáculos, etc.

Los sensores ultrasónicos están compuestos por tres partes principales:

▶ **Transmisor ultrasónico**: emite pulsos de sonido ultrasónico a una frecuencia específica elegida por el fabricante en el rango mencionado.

▶ **Receptor ultrasónico**: captura los ecos de los pulsos sonoros que rebotan en los objetos.

▶ **Procesador**: en algunos modelos, calcula la distancia en función del tiempo entre la emisión y la recepción de los pulsos. En otros se ocupa de verificar que la señal recibida (eco) corresponda a la frecuencia emitida descartando el resto de los sonidos absorbidos.

Existen distintas marcas y modelos de sensores ultrasónicos: HC-SR04, HC-SR05, LV-MaxSensor, etc.

2.3 HC-SR04

Para nuestro proyecto utilizaremos el sensor genérico HC-SR04, ya que es uno de los más comunes y económicos del mercado.

Su funcionamiento, como dijimos anteriormente, consiste en enviar un pulso de ultrasonido y esperar que éste rebote en algún objeto produciendo un eco, recibirlo y calcular cuánto tiempo tardó en regresar.

Este **shield** posee cuatro pines de conexión para su uso. Los shields (escudos) son accesorios diseñados para ampliar las capacidades de las placas Arduino al agregar funcionalidades específicas al proyecto de manera sencilla y sin complicaciones de cableado. Están diseñados para simplificar la conexión y expansión de hardware en cualquier proyecto.

Los pines del shield de izquierda a derecha son:

- ▶ **VCC**: se conecta a los 5 V de la fuente de alimentación, necesarios para su funcionamiento lógicamente.

- ▶ **Trigger**: en este pin llamado "disparador" se conecta el correspondiente pin de control de Arduino; es el que recibe la indicación de realizar la emisión de pulsos para la medición. Un pulso de estado alto (1 lógico) en este pin ordena al dispositivo emitir una serie de pulsos para realizar la medición.

- ▶ **Echo**: este pin devuelve un valor alto (1 lógico) cuando recibe el eco producto de tener un objeto delante del sensor. La duración del pulso en este pin es proporcional a la distancia medida.

- ▶ **GND**: este pin se conecta a la fuente de alimentación negativa (tierra) para completar el circuito eléctrico.

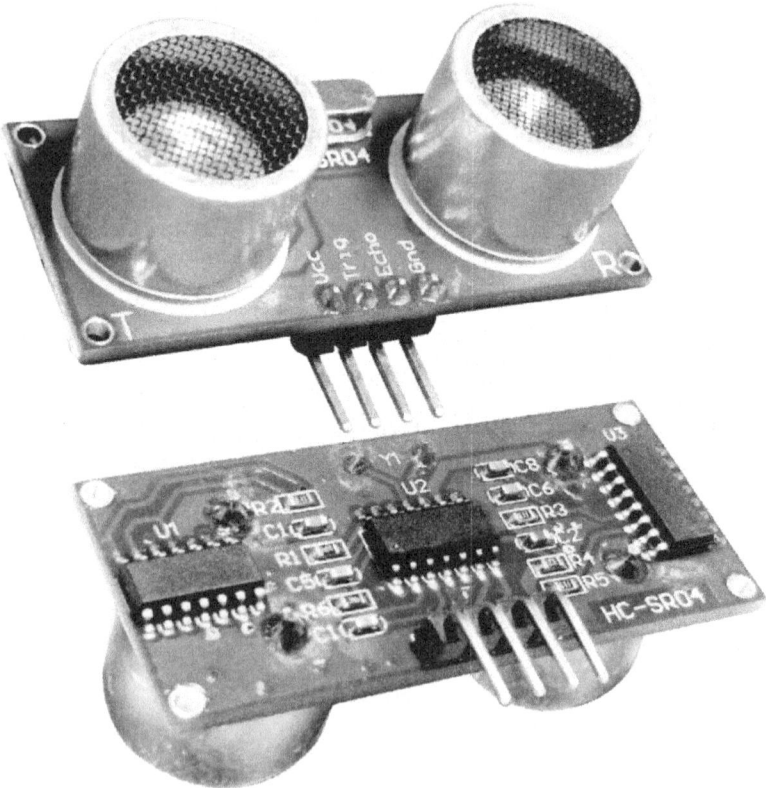

Figura 2.1. Frente del sensor HC-SR04. Los pines están identificados.

Figura 2.2. Sensor HC-SR04. Disposición de componentes en la placa.

2.4 LIBRERÍA NEWPING

Utilizaremos la librería **NewPing.h** del IDE, disponible para instalar desde el gestor de librerías.

Luego, bastará con incluirla en el sketch para aprovechar sus funciones:

```
#include <NewPing.h>
```

Para este proyecto utilizaremos la función **ping_cm**, que realiza el disparo de la emisión de sonido, espera el eco y devuelve el valor en centímetros. El uso de esta función nos evita tener que programar que se realice el disparo, esperar el rebote o eco, medir el tiempo o demora desde que disparamos el pulso y recibimos el eco, y luego realizar la operación matemática de cálculo de distancia en función del tiempo transcurrido.

Vamos a aprovechar esta fantástica función que nos devuelve un valor numérico "limpio". Ahora, cualquier cuerpo que se coloque frente al sensor será contabilizado si el valor está en un cierto rango de seguridad que tomaremos para evitar fallas. El número entregado será comparado entonces para saber si se encuentra entre, por ejemplo, 0 y 10, correspondiendo a un espacio de 0 a 10 cm, obviamente. Si el valor devuelto por la función es, por ejemplo 5, estará indicando que el objeto está frente al sensor a esa distancia. ¡Sin hacer ningún cálculo!

Analicemos el código:

Ya declaramos la librería. Agreguemos un par de variables necesarias para indicar a la librería dónde está conectado el sensor:

```
#include <NewPing.h>

#define TRIGGER_PIN 3 // Pin 3 del Arduino Nano
                    // conectado a TRIGGER del
                              // sensor de ultrasonido
#define ECHO_PIN 2        // Pin 2 del Arduino Nano
         // conectado a conectado a
// ECHO del sensor de HR-SC04

NewPing sensor(TRIGGER_PIN, ECHO_PIN);
```

Es decir, utilizaremos los pines D2 y D3 de la placa Arduino Nano para controlar el sensor.

Luego generamos un objeto llamado **sensor** y le indicamos a la librería en qué pines de la placa Arduino estará conectado.

Este módulo no necesita ser inicializado, por lo que está listo para usar. Para hacerlo, solo necesitamos una línea de código:

```
unsigned int distancia = sensor.ping_cm();
            // Realizar una medición de distancia
```

En la variable **distancia** se recibirán los centímetros existentes entre el objeto y el sensor.

Resta solamente desarrollar el código para realizar la comparación con la distancia obtenida y el espacio por el que deben pasar los objetos a medir, para nuestro proyecto: entre 0 y 10 cm.

```
//Verificar si la distancia está entre 0 y 10cm
if (distancia > 0 && distancia < 10){
        //Se detectó un objeto
    } else {
        //NO se detectó ningún objeto
    }
```

También podemos hacer que exista una señalización visual o luminosa desde el mismo Arduino Nano aprovechando el led integrado en la placa. Este led está conectado internamente al pin 13. Por lo tanto, podemos indicar mediante software que se encienda cuando se detecte un objeto y se apague en caso contrario:

```
#include <NewPing.h>

#define TRIGGER_PIN 3 // Pin 3 del Arduino Nano
            // conectado a TRIGGER del
                            // sensor de ultrasonido
#define ECHO_PIN 2 // Pin 2 del Arduino Nano
        // conectado a conectado a
    // ECHO del sensor de HR-SC04

NewPing sensor(TRIGGER_PIN, ECHO_PIN);
                    // Se crea el objeto sensor

int LED = 13;          // LED onboard de la placa

int ContadorOBJ = 0;   // Variable para el conteo de // objetos
boolean ObjDetectado = false;
                    //Variable para indicar detección
```

```
void setup() {
    Serial.begin(9600);    // Seteo de velocidad para las
                           // comunicaciones seriales
    pinMode(LED, OUTPUT); // LED se declara como pin
                          // de salida
}

void loop() {
    unsigned int distancia = sensor.ping_cm();
                // Realizar la medición de distancia

    if (distancia > 0 && distancia < 10) {//0 a 10cm
        if (!ObjDetectado) {
            ContadorOBJ++;  // Incrementar el contador
            ObjDetectado = true;
            digitalWrite(LED, HIGH); // Encender el Led y
// el pin 13
            Serial.print("Objeto detectado. Total de objetos: ");
            Serial.println(ContadorOBJ);
        }
    } else {
        ObjDetectado = false;
        digitalWrite(PIN13, LOW); // Apaga el Led 13
    }
}
```

Este código no incluye display LCD, solo enciende y apaga un LED, y registra el conteo de objetos que pasan frente al sensor. Pero además de llevar la cuenta de objetos, activa y desactiva la salida D13. Esto podría utilizarse para activar un relé o un sistema que habilite o impida la apertura de una puerta, encienda la iluminación de un espacio, o active motores, equipos, etcétera.

También envía la información al monitor serial con la instrucción:

```
Serial.print("Objeto detectado.Total de objetos:");
Serial.println(ContadorOBJ);
```

Cada vez que se detecte un objeto, se incrementará la variable **ContadorOBJ** y se mostrará una leyenda en el monitor serial del IDE indicando la cuenta de objetos hasta ese momento.

El esquema de conexión del primer ejemplo es el siguiente:

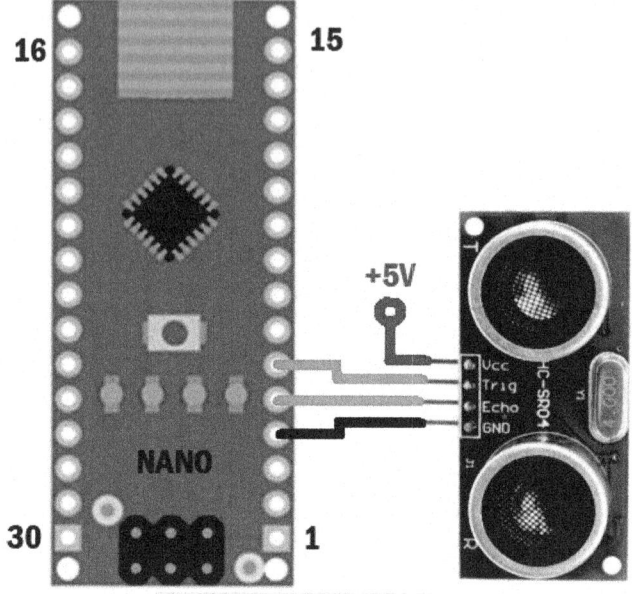

Figura 2.3. Esquema de conexión entre la placa Arduino Nano y el sensor HC-SR04. Como se observa, solo se requieren dos cables.

Como se puede notar, ¡es realmente muy sencillo!

Ya tenemos todos los conocimientos necesarios para escribir nuestro programa. Agreguemos ahora un display para mostrar los objetos contabilizados; del proyecto anterior podemos copiar las líneas de código necesarias.

Debemos incluir la librería **LiquidCrystal.h**, declarar los pines a utilizar, inicializarlo, etcétera:

```
#include <LiquidCrystal.h>

LiquidCrystal lcd(12, 11, 10, 9, 8, 7);
            //Conexión del display a Arduino

void setup(){
   lcd.begin(16, 2);    //Inicializar display 16x2
   lcd.clear();         //Borrar la pantalla del display
   lcd.setCursor(0,0);//Ubicar el curso en la //posición 0,0
}
```

En cuanto a las conexiones necesarias, éstas son muy sencillas y podemos verlas en el siguiente esquema; también pueden realizarse mediante una placa protoboard antes de pasar al circuito impreso.

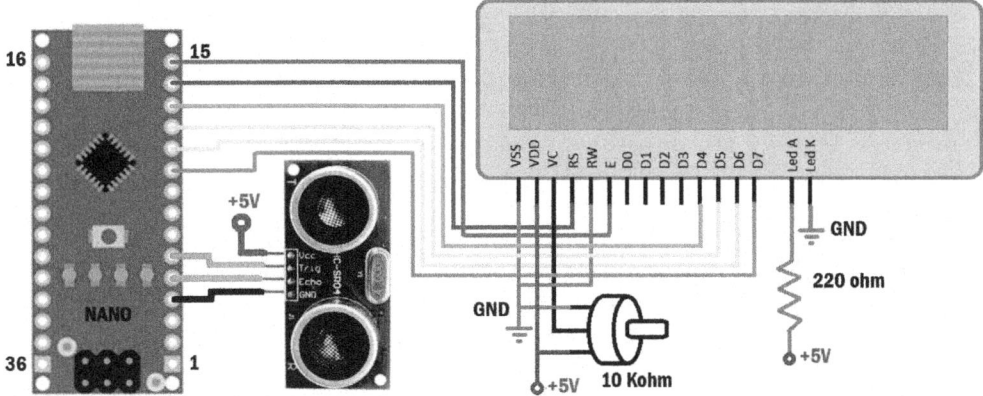

Figura 2.4. Esquema de conexión entre la placa Arduino Nano, el sensor HC-SR04 y un display LCD con su correspondiente resistencia y potenciómetro para el control de contraste.

Colocamos la placa Arduino Nano entre los contactos 1 y 15 de la protoboard para poder realizar fácilmente la conexión a la computadora mediante el cable USB y así cargarle el código.

Luego conectamos el sensor ultrasónico entre los pines 20 a 25 y, por último, el display, su resistencia y potenciómetro. El display puede tener o no pines para conectar en la protoboard. Si no los tiene, podemos agregárselos o bien cambiarlos por cables para conectarlos en la placa de pruebas y trabajar cómodamente mientras probamos.

Subamos entonces el siguiente código:

```
#include <NewPing.h>
#include <LiquidCrystal.h>

#define TRIGGER_PIN 3 // Pin 3 del Arduino Nano c o
        // conectado a TRIGGER del
                        // sensor de ultrasonido
#define ECHO_PIN 2  // Pin 2 del Arduino Nano
        // conectado a conectado a
// ECHO del sensor de HR-SC04

NewPing sensor(TRIGGER_PIN, ECHO_PIN);
```

```
                    // Se crea el objeto sensor

LiquidCrystal lcd(12, 11, 10, 9, 8, 7);
                    //Conexión del display a Arduino

int ContadorOBJ = 0;   // Variable para el conteo de
            // objetos
bool ObjDetectado = false;   // Variable para
                    // indicar detección
int LED = 13;   // LED onboard de la placa

void setup(){
   lcd.begin(16, 2);   //Inicializar display 16x2
   lcd.clear();        //Borrar la pantalla del display
   lcd.setCursor(0,0);//Ubicar el curso en la          // posición 0,0
pinMode(LED, OUTPUT); // LED se declara como pin      // de salida
}

void loop() {
   unsigned int distancia = sensor.ping_cm();
             // Realizar la medición de distancia
   if (distancia > 0 && distancia < 10) {//0 a 10cm
      if (!ObjDetectado) {
         ContadorOBJ++;
         ObjDetectado = true;
         digitalWrite(LED, HIGH); // Encender el Led y    // el pin 13
         lcd.setCursor(0,0); // Ubicar el curso en la    // posición 0,0
         lcd.print("Objeto detectado.");
         lcd.setCursor(0,1); // Ubicar el curso en la    // posición 0,1
         lcd.print("Total: ");
         lcd.print(ContadorOBJ);// Mostrar cantidad de    // objetos conta-
bilizados
      }
   } else {
      ObjDetectado = false;
      digitalWrite(PIN13, LOW); // Apaga el Led 13
   }
}
```

El software es muy simple. Se inicializan los dispositivos y luego se establece el loop de mediciones esperando la presencia de algún objeto delante del sensor. Cuando se produce un eco por rebote de la señal ultrasónica, se recibe el valor proporcionado por la función y se realiza una comparación para saber si dicho eco se produjo a una distancia de entre 0 y 10 centímetros. Si es así, se contabiliza y se muestra en el display.

Para reiniciar el sistema o llevar el contador a cero nuevamente, basta con reiniciar la placa Arduino mediante el botón de reset incorporado en ella.

2.5 CONTROL COMPUTARIZADO

Como dijimos al principio, la información del conteo se puede ofrecer tanto en un display LCD como en un ordenador.

Compartir la información del contador de objetos a un ordenador puede resultar muy útil para distintos fines, como control de procesos, análisis estadísticos, seguimiento, educación, facturación, y mucho más.

El monitor serial del IDE permite recibir información y mostrarla de manera simple y clara, pero no permite grabar los datos en un archivo del tipo **.txt** o **.csv**, lo que obliga a buscar y utilizar otras alternativas.

Por ejemplo, en los sistemas operativos Windows (en sus distintas versiones) existía un programa de comunicaciones denominado **HyperTerminal**. Esta herramienta estuvo incluida en Windows desde la versión 3.1 hasta la XP. En las posteriores es posible que ya no esté disponible pero se puede agregar fácilmente siguiendo las instrucciones de la web oficial de Microsoft o de los miles de sitios web que explican el paso a paso para disponer de este software.

Este programa permitirá al usuario establecer **conexiones serie** (RS-232) con dispositivos externos, como módems, routers, conmutadores, equipos de red, sistemas embebidos y otros equipos electrónicos que utilizan comunicación serie. Y por supuesto, Arduino.

El software permite grabar en archivos la información recibida, por lo que resulta ideal para este proyecto. Sin embargo, en caso de que queramos o necesitemos utilizar otro programa similar que tengamos, en reemplazo de **HyperTerminal**, podemos hacerlo sin ningún inconveniente. La placa Arduino se comunica con cualquier software de manera correcta siempre que ambos dispositivos estén bien configurados, por ejemplo, en cuanto a la velocidad de comunicación.

Si el sistema operativo no es Windows, se deberá adaptar al que se posea. Por ejemplo, si es Linux, el equivalente a **HyperTerminal** se denomina **Minicam**, un programa de comunicaciones serie que permite a los usuarios interactuar con dispositivos externos a través de puertos serie (RS-232). Posee funciones similares a las de **HyperTerminal**, como configuración de puertos, transferencia de datos y registro de sesiones.

Para instalar **Minicom** en una distribución Linux, se puede utilizar el administrador de paquetes de la distribución específica. Por ejemplo, en Ubuntu, debemos abrir una terminal y ejecutar el siguiente comando:

```
sudo apt-get install minicom
```

Una vez instalado, podemos usar **Minicom** para establecer conexiones serie con dispositivos externos, configurar los parámetros de comunicación y realizar las operaciones de comunicación.

Debemos tener en cuenta que en Linux a menudo se utilizan otras herramientas de terminal y consola para realizar tareas similares, dependiendo de la necesidad específica. Sin embargo, **Minicom** es una opción popular y bien conocida para tareas de comunicación serie en este entorno.

Por último, existen otras aplicaciones de **código abierto** ampliamente utilizadas para emular terminales, en especial muy útiles para conexiones SSH, Telnet y serie. Podemos nombrar, por ejemplo, **PuTTY**, que se puede descargar de forma gratuita desde su sitio web oficial (*www.putty.org*). **PuTTY** se puede utilizar en ambos sistemas operativos, Windows y Linux.

Otra alternativa gratuita a **HyperTerminal** es **Tera Term**, que ofrece funcionalidades de comunicación serie y emulación de terminales. Se puede descargar desde su sitio web oficial (https://ttssh2.osdn.jp) e instalar en Windows.

Por supuesto que también hay alternativas comerciales que podemos adquirir fácilmente desde Internet.

En resumen, aunque **HyperTerminal** no está disponible en las últimas versiones de Windows, existen varias alternativas gratuitas y comerciales que podemos utilizar para realizar tareas de comunicación serie y emulación de terminales en cualquier sistema operativo. **PuTTY** y **Tera Term** son dos opciones populares, gratuitas y de fácil acceso.

Para enviar los datos desde Arduino a cualquier software de comunicaciones se utiliza **serial.print()**, como ya se indicó. También podemos agregar la fecha o la hora del inicio del sistema. El reloj digital del proyecto Reloj Arduino visto en el Capítulo 1 puede aprovecharse para agregar la fecha y la hora a cada medición, etc.

Los datos obtenidos desde **HyperTerminal**, **PuTTY**, **Tera Term**, etcétera, y grabados en archivos se pueden analizar con planillas de cálculo para realizar control de stock, facturación o predicciones estadísticas, por ejemplo.

2.6 PROBLEMAS Y SOLUCIONES

Aunque el sistema es muy simple y no debería haber dificultades para ponerlo en funcionamiento, es posible que, al principio, se generen algunos comportamientos no esperados. Veamos algunos posibles fallos o problemas y sus respectivas soluciones:

▶ **Problema**: el sistema está encendido pero los objetos que se colocan o se desplazan frente al sensor no son detectados o contabilizados por él.

▶ **Solución**: en primer lugar debemos verificar las conexiones eléctricas del sensor HC-SR04. Un error frecuente es invertir las conexiones entre los pines Trigger y Echo. Debemos verificar entonces que esas conexiones estén bien hechas; además, el pin Trigger debe estar en el pin indicado en la configuración del sketch y, por supuesto, lo mismo debe suceder con el pin Echo. La solución puede alcanzarse invirtiendo los cables de los pines en el sensor o modificando la configuración en el programa y, luego, subiendo otra vez el sketch a la placa Arduino.

▶ **Problema**: el sistema está encendido, todas las conexiones son correctas y han sido verificadas, pero los objetos no son detectados por el sensor.

▶ **Solución**: para esta falla o comportamiento no esperado será necesario tener en cuenta el siguiente esquema. Aquí se puede observar que, si el objeto que se quiere detectar tiene cierta forma geométrica, es posible que el eco no se capte correctamente.

Hay que considerar que el sensor posee un ángulo aproximado de detección de 15°. Sin embargo, este ángulo podría variar según el sensor del que se disponga, el fabricante, etc. Para estar seguros, debemos revisar las especificaciones que se encuentran en la hoja de datos del sensor. Por lo tanto, chequear la disposición y ubicación del sensor es fundamental en ciertos casos en que no se detecta el objeto. Es decir, resultará imprescindible encontrar la mejor posición del sensor frente al tipo de objeto a controlar, para lograr que el eco se dirija hacia el sensor y no hacia otra dirección. También podemos hacer que el objeto a controlar se ubique convenientemente frente al sensor. Esta solución podría utilizarse, por ejemplo, en una línea de producción, donde objetos con la misma forma física deban ser contabilizados (**Figura 2.5.**).

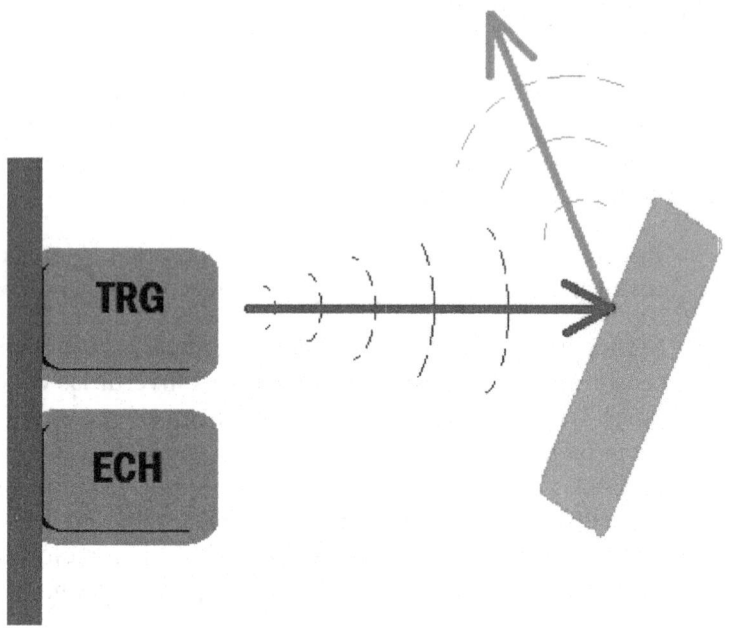

Figura 2.5. Reflejo de la onda de ultrasonido de acuerdo con la
ubicación y forma geométrica del objeto a detectar.

▼ **Problema**: el sistema enciende, el led de la placa indica que hay detección
de objetos, pero no se observa nada en el display.

▼ **Solución**: primero debemos verificar que las conexiones del display
estén correctamente realizadas, que no haya inversión o cortocircuitos
en los cables. Revisamos que la alimentación no esté invertida. Luego,
verificamos si el backlight está bien conectado, ¿está encendida la pantalla
con su luz de fondo? Luego tenemos que chequear que el potenciómetro
de 10 KΩ tenga su cursor en la posición central, y realizar movimientos
suaves girándolo hacia ambos lados, buscando la mejor posición de
contraste. Este potenciómetro permite ajustar el contraste y la visibilidad
para conseguir una mejor experiencia de uso o personalización de la
pantalla, pero si se encuentra en máximo o en mínimo, es posible que el
display no se lea fácilmente.

▼ **Problema**: aunque no debemos considerarlas como un problema en sí
mismas, tengamos en cuenta las siguientes limitaciones de un sensor
ultrasónico (como el HC-SR04) para su uso y evaluemos si se ajusta a las
necesidades del proyecto.

▼ **Solución:**

- **El sensor tiene un rango limitado de alcance**: algunos fabricantes informan que sus sensores abarcan rangos de medición de 0 a 100 cm, otros de 1 a 200 cm y hasta de 2,5 a 400 cm. Esta especificación puede obtenerse de la hoja de datos correspondiente. En caso de no disponer de dicha hoja, puede considerarse que el rango promedio está entre 0 y 100 cm para la mayoría de los sensores genéricos ofrecidos bajo la etiqueta HC-SR04, y avanzar con el diseño del proyecto desde esas consideraciones.

- Como ya mencionamos, el sensor emite un haz de ultrasonidos en un patrón cónico (en general, de 15° de apertura), lo que puede afectar la precisión de la medición en ángulos extremos o con objetos que tengan superficies inclinadas.

- El sensor puede generar mediciones incorrectas si los ultrasonidos se reflejan en superficies difíciles de detectar, como objetos muy pequeños o con superficies que absorben el sonido. Ciertos materiales, como los reductores de ruido (por ejemplo, los paneles utilizados en estudios de grabación o de radio y televisión), serán difíciles de detectar; en ese caso, se recomienda cambiar a otro tipo de sensor.

- **Interferencias acústicas**: entornos ruidosos o con múltiples fuentes de ultrasonidos, como otros sensores HC-SR04 cercanos, pueden causar interferencias y mediciones incorrectas.

- **Requiere tiempo de espera**: para evitar mediciones incorrectas debidas a falsos ecos, el HC-SR04 suele requerir un período de espera (timeout) entre mediciones. Esto puede reducir la velocidad de muestreo y hacerlo inadecuado para líneas de producción veloces.

- **Precisión limitada en distancias cortas**: a distancias muy cortas, el sensor puede tener dificultades para medir con precisión debido a la duración corta del pulso ultrasónico.

- **Consumo de energía**: el sensor requiere energía para funcionar, lo que puede ser un problema en proyectos alimentados por batería, ya que puede aumentar el consumo de energía.

- **Tamaño físico**: el HC-SR04 tiene un tamaño que tal vez no resulte adecuado para proyectos con restricciones de espacio.

▼ **Problema**: el sistema enciende correctamente, los objetos son contabilizados y se muestran en el display, pero la información no se recibe en el ordenador.

▼ **Solución**: una vez más, lo primero que debemos verificar es que las conexiones estén bien hechas. Si el sistema está conectado a la computadora mediante el cable USB, luego debemos verificar que el software mediante el cual se recibe la información esté configurado en el mismo puerto donde está conectada la placa Arduino. Esto puede realizase en cualquier puerto COM, por lo que debemos verificar que el puerto serie en el que se encuentra nuestro Arduino sea el que está configurado en el programa de comunicaciones que estamos utilizando. Para determinar en qué puerto tenemos conectada la placa Arduino, abrimos el IDE y, en el menú Herramientas, veremos esta información. En la siguiente imagen se observa que la placa está conectada en el puerto COM11 (**Figura 2.6.**).

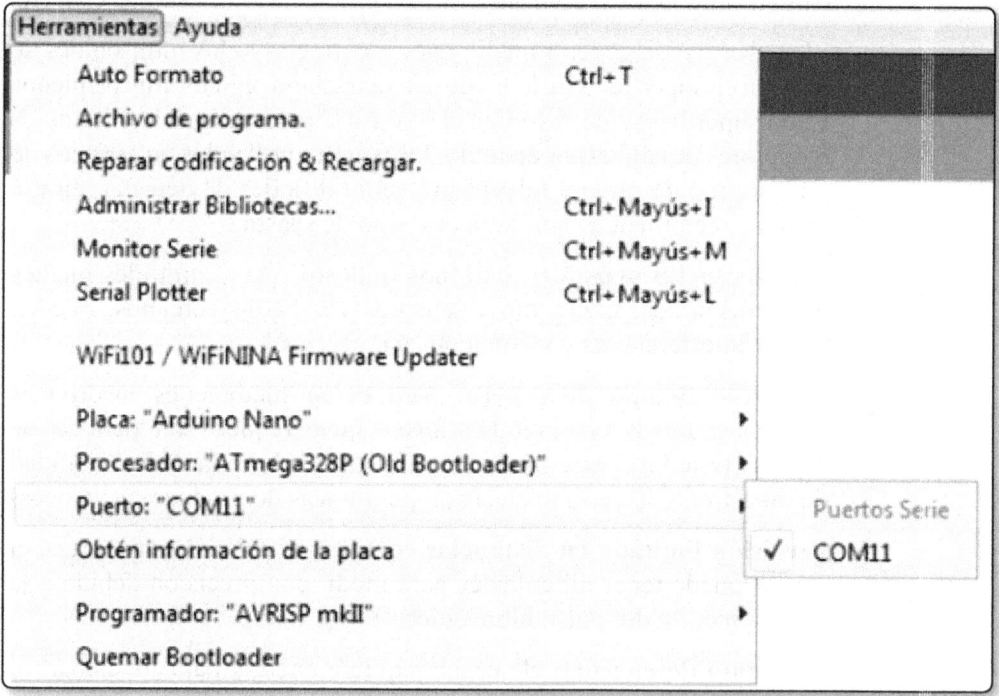

Figura 2.6. Podemos determinar el número de puerto COM en el que está conectada la placa Arduino desde el menú Herramientas del IDE.

Por lo tanto, tenemos que configurar el software de comunicaciones en dicho puerto.

El siguiente paso es verificar que la velocidad de comunicación esté configurada en la misma velocidad en que se haya inicializado la comunicación serial de Arduino. Las velocidades posibles y más utilizadas son: 1200 / 2400 / 4800 / 9600 / 19200 / 38400 / 57600 / 115200 / etc. Basta entonces con comprobar que la configuración indicada mediante código para la placa Arduino coincida con la velocidad seleccionada en el software de comunicación que hayamos elegido. Todos los programas de comunicaciones tienen una opción de configuración en la que podemos elegir la velocidad con la cual queremos trabajar.

La configuración de la velocidad de comunicación serial de la placa Arduino se realiza mediante la siguiente línea de código, como explicamos anteriormente:

```
void setup() {
    Serial.begin(115200); //Seteo de velocidad para
                          //comunicaciones seriales
                          //a 115200 baudios
}
```

La configuración en el software **PuTTY** del ordenador se hace como se indica en las imágenes siguientes, según el sistema operativo que estemos utilizando. Se puede observar que, en ambos casos, estamos seteando la velocidad en 115200 baudios. También se debe indicar el puerto COM correspondiente.

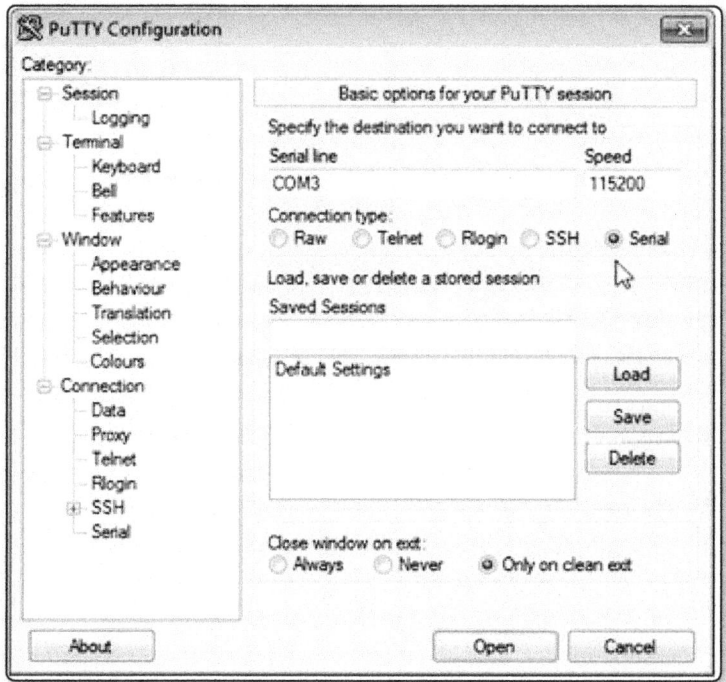

Figura 2.7. Configuración del puerto COM y la velocidad de comunicaciones serie de PuTTY en Windows.

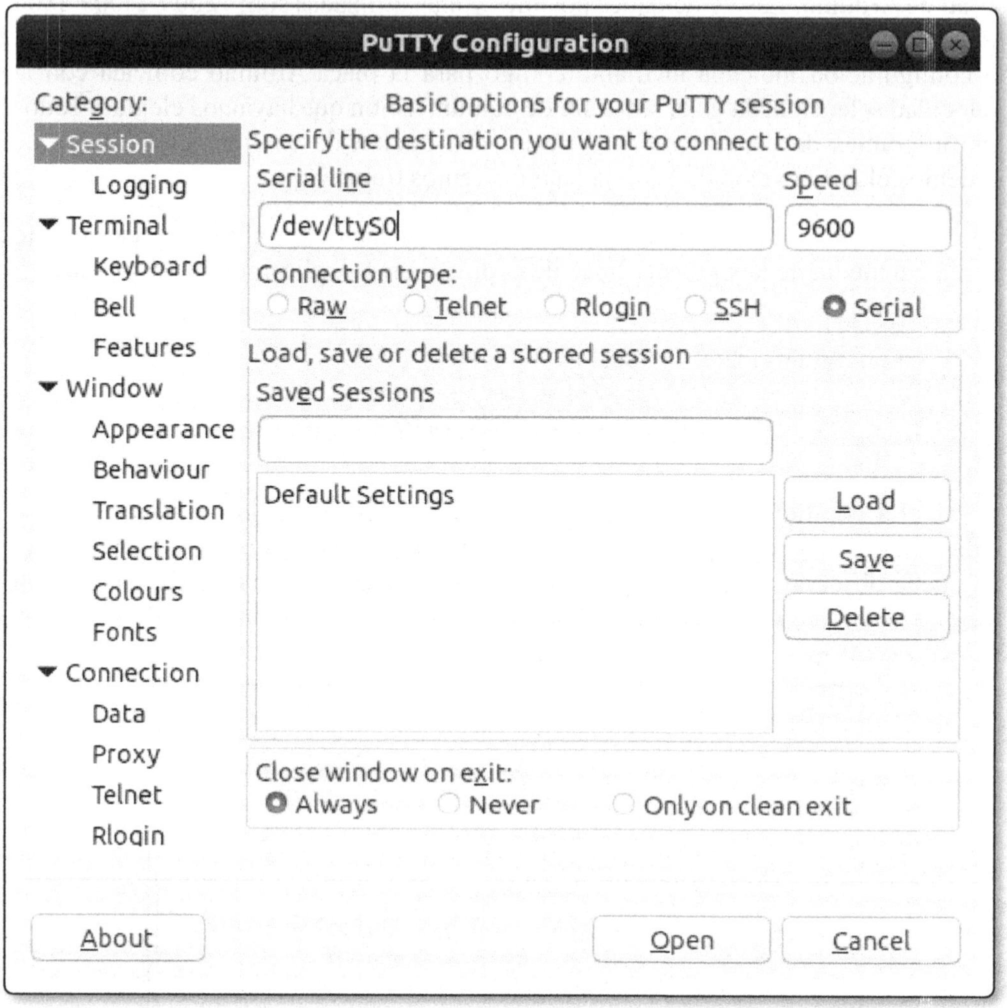

Figura 2.8. Configuración del puerto COM y la velocidad de comunicaciones serie de PuTTY en Linux.

2.7 ACTIVIDADES

A continuación se presentan las preguntas y los ejercicios que deberías saber responder y resolver para considerar aprendido el capítulo.

2.7.1 Test de autoevaluación

1. *¿Qué rango de medición puede alcanzar un sensor ultrasónico como el propuesto en el proyecto?*

2. *¿Cuál es la principal falla de conexión al utilizar un sensor ultrasónico?*

3. *Utilizar un shield es beneficioso también desde el punto de vista de la construcción. ¿Por qué?*

4. *¿Podemos calcular la distancia utilizando un sensor ultrasónico sin requerir los servicios de una librería?*

5. *¿Un sensor ultrasónico puede tener fallas en la medición o detección de un objeto? ¿En qué casos podría suceder?*

6. *¿En qué casos conviene utilizar un software como HyperTerminal o PuTTY?*

2.7.2 Ejercicios prácticos

1. *Desarrolla el código necesario para agregar un RTC al contador de objetos de manera que se pueda registrar en el ordenador la hora de cada detección.*

2. *Analiza cómo agregar un aviso cuando no se hayan detectado objetos en un tiempo determinado.*

3. *Implementa un aviso mediante leds o mensajes al ordenador cuando el contador de objetos alcance un cierto valor de detecciones.*

4. *Utiliza distintos objetos para realizar mediciones de distancia intentando encontrar alguno que no sea detectado por el sensor; modifica el ángulo de medición de ser necesario.*

3

ESTACIÓN METEOROLÓGICA

El tercer proyecto que proponemos consiste en una estación meteorológica. Con ella mediremos variables como temperatura, humedad relativa del aire y presión atmosférica. Los resultados podrán ser exportados a un ordenador para su posterior análisis en usos estadísticos o predictivos, o bien exhibidos por supuesto en un display LCD.

3.1 EL PROYECTO

Una estación meteorológica es un dispositivo formado por un conjunto de instrumentos que se utilizan para medir y recopilar datos relacionados con las condiciones atmosféricas y meteorológicas en un área específica. Estas estaciones son fundamentales para monitorear y registrar datos sobre el clima local y proporcionan información valiosa para una variedad de aplicaciones, desde la planificación agrícola hasta la predicción del tiempo.

Existe una gran variedad de sensores disponibles para utilizar en una estación meteorológica.

Algunos ejemplos son: sensor de temperatura, sensor de velocidad del viento o **anemómetro**, veleta para determinar la dirección del viento, pluviómetro para medir la cantidad de precipitación o lluvia, sensores de gases para verificar la calidad del aire en una fábrica o cualquier ambiente de trabajo o ciudad, sensores para monóxido de carbono (CO) y dióxido de carbono (CO2), piranómetro para medir la radiación solar, higrómetro para medir la humedad relativa del aire, barómetro para medir la presión atmosférica, etc.

Los sensores disponibles para utilizar en la plataforma Arduino son comunes, económicos y de fácil empleo, y la disponibilidad de información es gigantesca. Una simple búsqueda por Internet nos proveerá de la información necesaria sobre el sensor que necesitamos o queremos utilizar. Hay cientos de fabricantes alrededor del globo para toda clase de sensores meteorológicos. Esto nos facilita analizar ventajas y características del que queramos aprovechar.

Para este tercer proyecto utilizaremos los sensores de temperatura, humedad y presión atmosférica: **DTH22** y **BMP180**.

3.1.1 Arduino Nano

Nuestra placa será nuevamente Arduino Nano. Solo se requieren dos o tres pines para conectar los sensores. Así que seleccionemos esta placa maravillosa ¡y manos a la obra! Como en los proyectos anteriores, puede usarse cualquier otra placa Arduino, ya que Nano es uno de los hermanos menores de esta familia.

3.1.2 El sensor DTH22

Es un sensor de temperatura y humedad que se utiliza comúnmente en proyectos electrónicos y de automatización. Es una versión mejorada del DHT11 y es fabricado por diferentes empresas bajo distintos nombres, incluyendo AM2302 y RHT03.

Este sensor se destaca por su facilidad de uso, disponibilidad en el mercado y muy buena precisión.

Su principio de funcionamiento se basa en cambios en la capacitancia y la resistencia eléctrica causados por la humedad y la temperatura ambiente. Estos cambios se convierten en señales eléctricas que representan la temperatura y la humedad relativa, que luego se transmiten a través de una interfaz digital para su uso.

Para detectar la humedad, hace uso de un elemento higroscópico que es sensible a este factor. Este material tiene la propiedad de absorber la humedad y, en consecuencia, cambiar su capacitancia eléctrica. A medida que la humedad en el ambiente aumenta, el material higroscópico absorbe agua y su capacitancia eléctrica cambia en forma proporcional. Esto significa que la capacitancia aumenta a medida que la humedad relativa del aire aumenta, y disminuye cuando la humedad así lo hace.

Por otro lado, para medir la temperatura el DHT22 incorpora un termistor. Se trata de un componente eléctrico que cambia su resistencia en respuesta a variaciones de temperatura. Conforme la temperatura aumenta o disminuye, la resistencia eléctrica del termistor varía de acuerdo con una curva de calibración específica correspondiente al material utilizado en su fabricación.

El sensor DHT22 está calibrado por el fabricante, lo que significa que las lecturas de humedad y temperatura que proporciona son precisas y listas para su uso. El costo de este componente es prácticamente similar al de una placa Arduino Nano; y de casi tres veces el de su "hermano menor", el DTH11, debido a sus prestaciones y ventajas.

Estas son las principales diferencias entre ambos sensores:

Comparación	DTH11	Precisión	DTH22	Precisión
Rango temp.	0 a 50°C	2°C	-40 a 125°C	0,5°C
Medic. humedad	20 a 80%	5%	0 a 100%	2 a 5%
Frec. muestreo	1 Hz	-	2 Hz	-
Precio	1/3 Arduino Nano		Aprox. Arduino Nano	
Color	Celeste		Blanco	

Aunque este proyecto se desarrolla en base al sensor DTH22 por sus características, admite el uso del DTH11 sin modificaciones de software o hardware, dado que se utilizan los mismos pines y el mismo código para obtener información.

La única diferencia externa, y que además permite identificarlos, es que el sensor DHT11 es de color azul o celeste, y el DHT22, blanco.

Figura 3.1. El sensor DHT11 tiene su carcasa de color celeste para diferenciarse de los otros modelos. Posee un rango de medición aceptable para ciertas aplicaciones. Como desventaja, no permite medir temperaturas bajo cero.

Figura 3.2. El sensor DHT22 tiene su carcasa de color blanco para facilitar su identificación. Ofrece mejores prestaciones que el DHT11 y es muy útil para la mayoría de las aplicaciones. Puede medir temperaturas desde -40°C hasta 125°C con muy buena precisión.

La distribución y especificación de pines de estos sensores es la siguiente:

- ▶ **VCC** (pin 1): es el pin de alimentación. Debe conectarse a una fuente de alimentación de 5 V.

- ▶ **OUT** (pin 2): es el pin de salida de datos digital. Proporciona la lectura de temperatura y humedad. Debe conectarse a un pin digital para recibir los datos del sensor.

- ▶ **Pin 3**: no posee conexión y no se debe conectar a nada.

- ▶ **GND** (pin 4): es el pin de tierra y debe conectarse, obviamente, a la tierra del microcontrolador y fuente de alimentación (GND).

Aquí cabe aclarar que estamos analizando al sensor en sí mismo. Algunos fabricantes o ensambladores añaden una pequeña placa de circuito impreso para facilitar su uso. Basta entonces con identificar cuál es el pin que entrega la señal de salida y, además, verificar los pines de alimentación para no estropear el sensor con una polarización invertida:

Figura 3.3. Sensor DHT11 con placa. Nótese que dispone de solo tres pines, y la salida de datos está en el primer pin, marcado como "S". El pin de alimentación se encuentra al centro, y GND, a la derecha.

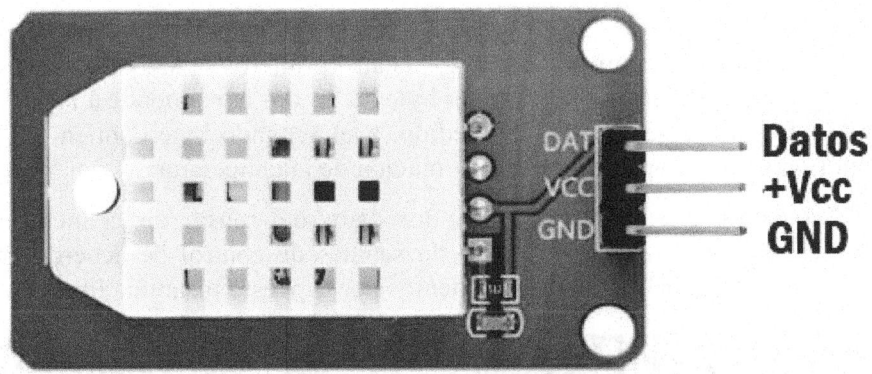

Figura 3.4. Sensor DHT22 con placa. Aquí también tenemos solo tres pines. La distribución es distinta de la del modelo DHT11: GND está a la izquierda, y la salida de datos, a la derecha (pin 3).

Como se observa y según el fabricante o proveedor del sensor, los pines pueden estar colocados con las distribuciones ilustradas o no. De cualquier manera, siempre estarán identificados y, en caso de no estarlo, basta con recordar la distribución de pines del sensor para determinar qué pin corresponde a cuál conexión de la plaqueta siguiendo las pistas del circuito impreso (normalmente, nunca será necesario realizar esta tarea).

Ambos sensores poseen un procesador interno que realiza la medición y la entrega en una salida digital, por lo que cualquier microprocesador o microcontrolador puede obtenerla sin inconvenientes.

La información digital está compuesta por un paquete de bytes que se envían en un tiempo de aproximadamente 4 milisegundos. Durante ese lapso, el procesador interno envía 40 bits, es decir 5 bytes, con la siguiente composición:

- ▼ **2 bytes** (16 bits) con la medición realizada de humedad.
- ▼ **2 bytes** (16 bits) con la medición realizada de temperatura.
- ▼ **1 byte** (8 bits) con el check sum, o suma de comprobación.

El check sum es una operación matemática que se realiza con los datos que se enviarán, y cuyo resultado se agrega y se manda a continuación de ellos. Al recibirlos, se realiza la misma operación con los datos recibidos y se compara con el check sum enviado. Si el valor coincide, entonces los datos enviados no han sufrido modificaciones durante la transmisión. Por el contrario, si no son iguales, se solicita el reenvío de la información porque se infiere que hubo fallas en el envío o en la recepción y, por lo tanto, la información recibida no es igual a la enviada.

En cuanto a la composición de los cuatro primeros bytes, estos se dividen en parte entera y parte decimal. El primer byte de los dos corresponde a la humedad y contiene la parte entera del valor medido, y el segundo byte contiene la parte decimal. Lo mismo se aplica para la información de la temperatura.

Sabido todo esto, podemos leer los datos del sensor directamente. Para hacerlo, tenemos que realizar el envío de señales de control de acuerdo con el protocolo del sensor DHTxx, o bien, podemos por supuesto ¡usar una librería!

ⓘ **Importante**

Los sensores de temperatura y, sobre todo, los de humedad tienen elevada inercia operacional y grandes tiempos de respuesta. Por eso se los suele considerar como "sensores lentos", ya que no reaccionan inmediatamente a las variaciones de estos parámetros físicos que, en algunas circunstancias, podríamos necesitar urgentemente. Esta característica de funcionamiento se debe tener en cuenta para cualquier desarrollo en que las variaciones en las mediciones deban obtenerse de inmediato para, por ejemplo, tomar una decisión o realizar alguna acción importante.

3.1.3 El sensor BMP180

Es un sensor de presión barométrica y temperatura fabricado por Bosch Sensortec.

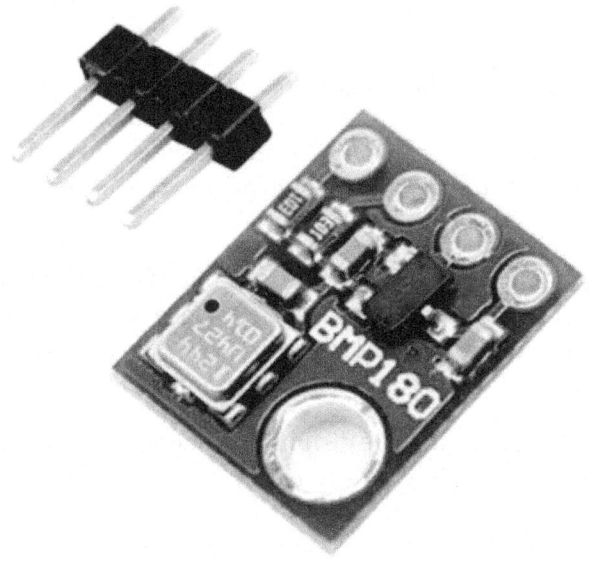

Figura 3.5. Sensor BMP180 de presión atmosférica fabricado por la empresa Bosch Sensortec, una división de la multinacional alemana Bosch, conocida por su amplia gama de productos y soluciones en diversas áreas, incluyendo la tecnología de sensores. Realmente sorprende por sus prestaciones y el reducido tamaño de la plaqueta.

El BMP180 pertenece al grupo de sensores de la serie BMP diseñados para medir presión y temperatura. Se utiliza en una gran variedad de aplicaciones, como la medición de la altitud en dispositivos como GPS y drones, y en aplicaciones meteorológicas y de control de climatización, entre otras.

Este sensor es un termómetro y barómetro digital. Como cualquier barómetro, mide la presión del aire y puede usarse como altímetro. Es decir, si conectamos este sensor a un Arduino o cualquier otro microcontrolador, podemos registrar esa medición de presión y estimar la altitud del sensor respecto al nivel del mar con ciertas consideraciones.

La presión del aire, en términos generales, se refiere a la fuerza ejercida por las moléculas de aire que componen la atmósfera terrestre sobre una superficie dada. Esta fuerza se debe al peso del aire que se encuentra encima de esa superficie y es lo que conocemos como la presión atmosférica.

Veamos algunos puntos clave sobre la presión del aire:

- ▶ **Unidades de medición**: la presión del aire se mide en diversas unidades, como hectopascales (**hPa**), milibares (**mb**), pulgadas de mercurio (**inHg**) o pascales (**Pa**), entre otras. La elección de la unidad depende de la región geográfica y la aplicación o convenciones locales.

- ▶ **Presión atmosférica**: la presión del aire varía con la altitud y las condiciones atmosféricas. A nivel del mar, la presión atmosférica típica es de aproximadamente 1013.25 hectopascales (hPa) o 1013.25 milibares (mb). Esta presión disminuye a medida que se asciende en altitud.

- ▶ **Influencia en el clima**: las variaciones en la presión atmosférica son un factor importante en la formación del clima y la predicción meteorológica. Las áreas de alta presión suelen estar asociadas con tiempo estable y despejado, mientras que las áreas de baja presión pueden dar lugar a condiciones climáticas inestables y precipitaciones.

- ▶ **Altitud**: la presión del aire disminuye a medida que se asciende en altitud. Esto se debe a que hay menos masa de aire encima de una ubicación más alta. Por esta razón, es necesario compensar la presión al medir altitudes o presiones absolutas. La relación aproximada es que la presión disminuye alrededor de 1 hPa (hectopascal) por cada 8-10 metros de ascenso.

- ▶ **Masa de aire**: la densidad y la temperatura del aire influyen en la presión barométrica. El aire más cálido tiende a ser menos denso y ejerce menos presión. Por lo tanto, las áreas con aire más frío tienden a tener una presión atmosférica más alta, mientras que las áreas con aire más cálido tienen una presión más baja.

- ▶ **Latitud**: la latitud geográfica también influye en la presión barométrica. En general, la presión barométrica tiende a ser más baja en las zonas ecuatoriales y más alta en las zonas polares.

- ▶ **Humedad atmosférica**: la humedad en el aire puede tener un efecto menor pero detectable en la presión barométrica. El aire húmedo es menos denso que el aire seco, lo que puede influir en la presión.

- ▶ **Efectos locales**: factores locales como la topografía, la vegetación y la presencia de masas de agua también pueden influir en la presión barométrica en una ubicación específica.

- ▶ **Uso en tecnología**: la presión atmosférica también se utiliza en tecnología, como en barómetros y altímetros. Estos dispositivos miden la presión para determinar la altitud, pronosticar cambios climáticos o controlar sistemas como los de climatización, como ya mencionamos.

▶ **Efecto en la salud humana**: los cambios en la presión atmosférica pueden afectar la salud humana, especialmente en condiciones como la hipertensión arterial o en vuelos aéreos. La disminución de la presión a altitudes elevadas puede causar malestar, con un síntoma conocido como mal de altura.

En síntesis, la presión del aire es la fuerza ejercida por las moléculas de aire sobre una superficie, y es un componente fundamental de la atmósfera terrestre que influye en el clima, la meteorología y que tiene diversas aplicaciones tecnológicas.

Los términos "presión barométrica" y "presión atmosférica" se utilizan indistintamente y se refieren a lo mismo: la presión ejercida por la columna de aire que se encuentra sobre una ubicación específica en la Tierra. Ambos términos describen la misma propiedad física de la atmósfera.

Por lo expuesto, debemos considerar que, dado que la presión barométrica varía continuamente debido a las condiciones climatológicas, no proporciona una medición absoluta de la altitud. Sin embargo, puede resultarnos de utilidad en mediciones diferenciales, es decir, tomando una medición a cierta altura y comparándola con una segunda medición habiendo realizado un desplazamiento vertical. Cualquier vehículo o artefacto aeronáutico (aviones, helicópteros, drones, globos aerostáticos, etc.) podrían aprovechar esta capacidad para realizar mediciones y calcular la altitud alcanzada así como una velocidad de caída, por ejemplo.

El BMP180 realiza una medición barométrica digital y emplea su sensor de temperatura para compensar los efectos en la medición de la presión. Es decir que aprovecha su propio termómetro para corregir (compensar) la medición de presión atmosférica. Este sensor es de alta precisión y baja potencia, con un rango de operación de 300 hPa a 1110 hPa, lo que es equivalente a una altitud de -500 m a +9000 m sobre el nivel del mar. Posee una precisión absoluta de 1.0 hPa y una precisión relativa de 0.12 hPa. Esto es equivalente a una precisión en altitud de aproximadamente 1m.

Realiza sus comunicaciones por medio del bus I2C entregando los datos de manera muy sencilla a la placa Arduino. Su tensión de trabajo o alimentación es de bajo voltaje, en el rango de 1,8 a 3,6 V. Aunque se provee con una placa que adapta el voltaje, se recomienda verificar la hoja de datos antes de conectarlo para evitar daños. De todas maneras, en casi todos los casos, esta placa incorpora la electrónica necesaria para adaptar los niveles de tensión que se utilizan al trabajar con placas Arduino, es decir, cuentan con un regulador de voltaje para alimentar el sensor directamente con 5 V.

En cuanto al consumo, este sensor tiene un promedio de 0,1 μA (microamperes) en reposo o stand-by y de apenas unos 650 μA mientras realiza una medición; un consumo realmente muy bajo e ideal para aplicaciones con alimentación a baterías.

Según la hoja de datos de un fabricante, tiene un tiempo de respuesta de 5 ms (milisegundos) para una medición estándar y de unos 17 ms en alta resolución.

3.2 ¡MIDAMOS TEMPERATURA Y HUMEDAD!

En la protoboard podemos armar el primer circuito y medir temperatura. Colocamos la placa Arduino Nano entre los orificios 1 a 15 dejando el conector USB hacia afuera para poder programarlo sin dificultad. Luego ubicamos el sensor DHT22 entre los pines 20 y 25, y conectamos la alimentación desde las líneas roja y azul a la placa Arduino y al sensor.

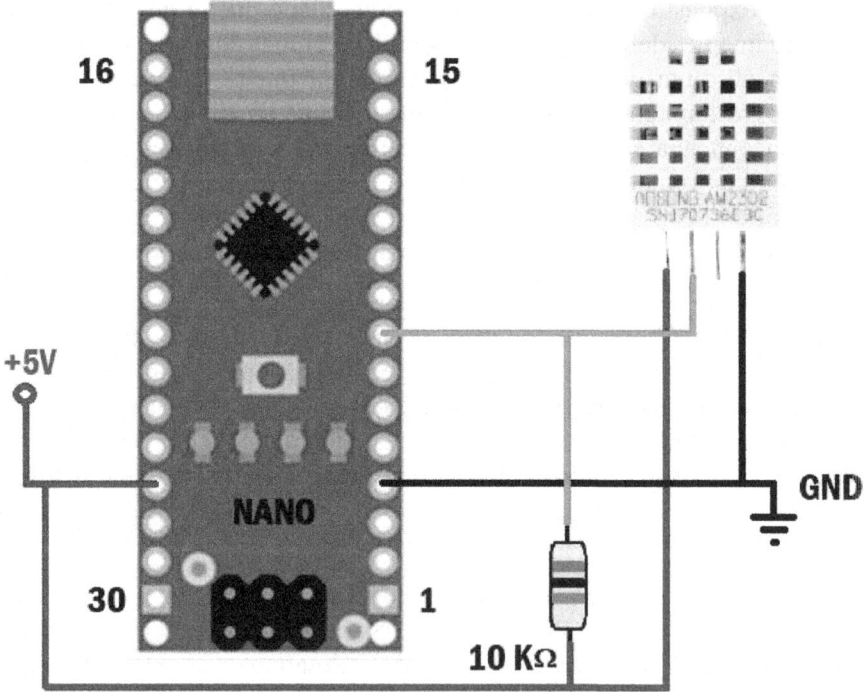

Figura 3.6. Conexión entre la placa Arduino Nano y el sensor DHT22. Solo se necesita un pin, en este caso, la salida digital D5 (pin 8 de la placa Nano) para vincular al sensor. Se deben conectar además los pines de alimentación a 5 V y GND.

En la imagen anterior se puede observar que la conexión del sensor es muy sencilla.

También podemos notar en el esquema una resistencia conectada entre la alimentación del sensor y el pin de datos. Su función principal es mantener el nivel lógico del pin de datos del sensor en un estado alto (HIGH) cuando no está transmitiendo datos activamente. La resistencia de pull-up ayuda a estabilizar la comunicación entre el sensor DHT22 y el microcontrolador. Asegura que el pin de datos no flote en un estado indefinido, lo que podría producir lecturas incorrectas o inestabilidad en la comunicación.

En caso de utilizar un sensor con placa de circuito impreso, la resistencia de 10 KΩ se puede evitar porque viene incluida en la misma plaqueta para facilitar el trabajo.

El firmware es por demás simple. Primero declaramos la librería necesaria, en este caso: **DHT.h**. En caso de no tenerla incluida previamente en el IDE, podemos agregarla desde el gestor de librerías. Este procedimiento está explicado paso a paso en el apéndice.

Como siempre, para declarar una librería se necesita una sola línea de código:

```
#include <DHT.h>
```

Luego debemos indicar a la librería en qué pin de la placa Arduino Nano está conectado el sensor y, además, qué modelo de sensor estamos utilizando:

```
DHT Sensor_dht(PinSensor, SensorTipo); //Crear obj
```

Como se puede ver, estamos creando un objeto llamado **Sensor_dht** que tendrá las funciones y los datos (o métodos y propiedades) propios de esta familia de sensores.

Inicializarlo es también muy sencillo y solo requiere una línea de código:

```
void setup () {
    Sensor_dht.begin(); //Inicializar el sensor
}
```

Para leer los valores de temperatura y humedad, podemos aprovechar las siguientes funciones incorporadas en la librería DHT:

▶ **readTemperature()**: es un método que se utiliza para obtener la lectura de temperatura del sensor. Se llama en el contexto de la instancia **Sensor_dht**. Devuelve un número decimal correspondiente a la temperatura medida en grados centígrados (°C).

▶ **readHumidity()**: es un método que también se llama en el contexto de la instancia **Sensor_dht**. Realiza una medición de humedad relativa y luego devuelve dicho valor como un número decimal y en porcentaje (%).

```
void loop () {
    float Temperatura = Sensor_dht.readTemperature();
    float Humedad = Sensor_dht.readHumidity();
    delay(2000);//Espera para realizar nueva medición
}
```

Pero… ¿por qué se agrega un delay de dos segundos? Este tiempo de espera se utiliza para permitir que la medición del sensor se estabilice. Como dijimos al principio del capítulo, los sensores tienen cierta demora en realizar las mediciones y se pueden hacer una vez por segundo para el modelo DHT11 y hasta dos veces por segundo para el DHT22. La espera es, entonces, necesaria para obtener una medición confiable en cualquiera de los dos modelos de sensor.

¡Listo! ¿No es acaso muy, muy simple?

Veamos la medición en el monitor serial. Para hacerlo, inicializamos el puerto serie a 9600 baudios y utilizamos la instrucción **serial.print()** o **serial.println()** para enviar la información y leerla en el monitor del IDE.

A continuación veamos el código completo:

```
#include <DHT.h>

#define PinSensor 8
        // Define el pin al que está conectado el
        // sensor DHT22

#define SensorTipo DHT22
        // Definir el tipo de sensor DHT (DHT22)

DHT Sensor_dht(PinSensor, SensorTipo); //Crear obj

void setup() {

    // Inicializar la comunicación serial a
// 9600 baudios
    Serial.begin(9600);

        // Inicializar el sensor DHT22
    Sensor_dht.begin();
}
```

```
void loop() {
// Leer la temperatura y la humedad desde
// el sensor
   float temperatura = dht.readTemperature();
   float humedad = dht.readHumidity();

   // Enviar los valores de temperatura y humedad
// al monitor serial
   Serial.print("Temperatura: ");
   Serial.print(temperatura);
   Serial.println(" °C");
   Serial.print("Humedad: ");
   Serial.print(humedad);
   Serial.println(" %");

// Esperar 2 segundos antes de realizar la
// siguiente lectura
   delay(2000);

}
```

3.3 ¡MIDAMOS PRESIÓN ATMOSFÉRICA!

Ya sabemos medir temperatura y humedad; medir la presión atmosférica es igual de fácil. Para esto podemos agregar el sensor BMP180 a la misma placa protoboard entre los pines 30 a 35 o, nuevamente, del 20 a 25 pero del otro lado de la línea central, para no compartir orificios con el sensor DHT22. Realizamos las conexiones de alimentación Vcc y GND, y vinculamos los pines SDA con ADC4 (pin 23 de la placa Arduino) y SCL con ADC5 (pin 24 de la placa) (**Figura 3.7.**).

El firmware también es muy simple. Tenemos que declarar la librería necesaria para las comunicaciones I2C que, como ya vimos, es la librería **Wire.h**:

```
#include <Wire.h>
```

Y para poder controlar el sensor utilizamos la librería **Adafruit_BMP085.h**:

```
#include <Adafruit_BMP085.h>
```

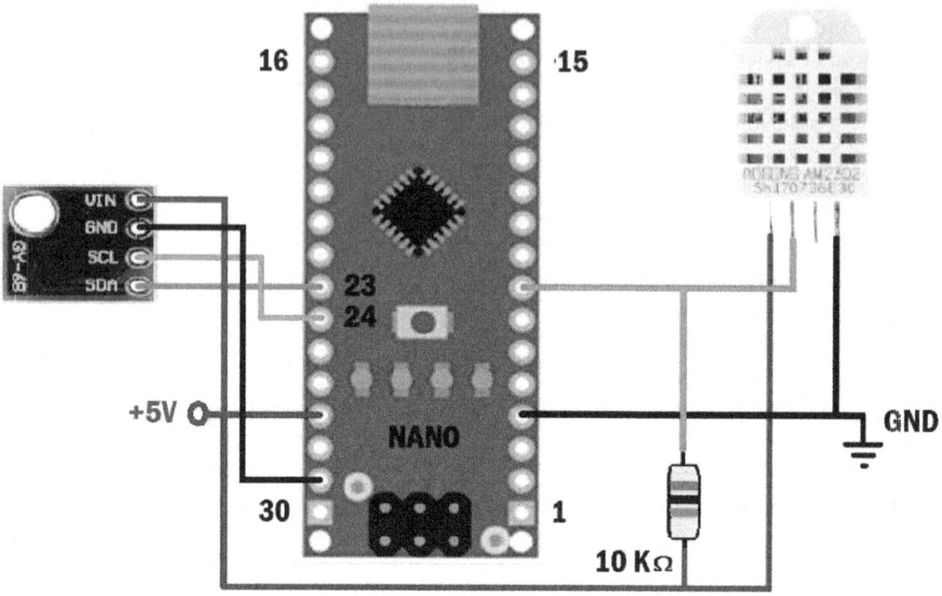

Figura 3.7. . Conexión entre la placa Arduino Nano, el sensor DHT22 y el sensor BMP180. La conexión se realiza mediante el bus I2C con los pines SDA y SCL (en la placa Arduino Nano, pines 23 y 24).

Como vemos, no dice BMP180 sino BMP085. Esto no es extraño porque el sensor BMP085 es muy similar al BMP180. El hardware es prácticamente igual y el software no requiere modificaciones para funcionar con cualquiera de los dos sensores. Aprovechamos entonces esta librería que se puede agregar desde el gestor de librerías del IDE.

Al igual que con el sensor de temperatura y humedad, la librería para el sensor de presión atmosférica incluye métodos (funciones) para el manejo de las mediciones y comunicaciones.

Las funciones **readPressure** y **readTemperature** son métodos proporcionados por la biblioteca **Adafruit_BMP085.h** (compatible con el BMP180) para leer la presión atmosférica y la temperatura del sensor BMP180. Veamos una descripción de ambas funciones:

➤ **readPressure()**: se utiliza para leer la presión atmosférica medida por el sensor BMP180. El valor que devuelve esta función es la presión en pascales (Pa). Para que la lectura sea más comprensible, generalmente se divide por 100 para obtener el valor en hectopascales (hPa), que es una unidad más común para la presión atmosférica. El código suele verse como **SensorBMP.readPressure() / 100.0F** para obtener la lectura en hPa.

▼ **readTemperature()**: se utiliza para leer la temperatura ambiente medida por el sensor BMP180. El valor que devuelve esta función es la temperatura en grados Celsius (°C).

```
void loop() {

// Leer la temperatura y la presión desde
// el sensor BMP180
    float temperatura = SensorBMP.readTemperature();
    float presion = SensorBMP.readPressure()/100.0F;

}
```

Obviamente, en las dos líneas de código anterior, **SensorBMP** es una instancia del objeto que utilizamos para acceder a sus funciones y datos en el programa.

El código completo para medir presión se muestra a continuación. No agregaremos la temperatura porque el sensor DHT22 se encargará de este parámetro (o, si lo deseamos, podemos hacer una comparación entre ambos sensores o un promedio de los valores obtenidos de ellos, y utilizar ese resultado para definir la temperatura del ambiente; cualquiera de las dos mediciones es válida):

```
#include <Wire.h>
#include <Adafruit_BMP085.h>

Adafruit_BMP085 SensorBMP; //Crea el obj.sensor

void setup() {

    Serial.begin(9600); //Setear velocidad de com.
    SensorBMP.begin(); //Inicializar sensor BMP

}

void loop() {

    // Obtener medición de presión y convertir
    // a hectopascales (hPa)
  float pressure = bmp.readPressure() / 100.0F;

    // Enviar la medición al monitor serial
  Serial.print("Presión atmosférica: ");
```

```
    Serial.print(pressure);
    Serial.println(" hPa");

        // Espera 2 segundos antes de la siguiente
    // lectura
    delay(2000);


}
```

Es un código realmente muy sencillo. Cabe notar que, nuevamente, esperamos 2 segundos antes de la siguiente lectura. Esto es para lograr la estabilidad del sensor, una mayor precisión en la medición y evitar fallos, como ya vimos para el otro sensor.

Ahora que probamos el funcionamiento de ambos sensores, podemos ensamblar los dos códigos y terminar el proyecto.

El código para la medición con ambos sensores es el siguiente:

```
#include <Wire.h>
#include <Adafruit_BMP085.h>
#include <DHT.h>

        // Definir el pin al que está conectado el
        // sensor DHT22
#define PinSensor 8

        // Definir el tipo de sensor DHT (DHT22)
#define SensorTipo DHT22

        // Crear el objeto sensor DHT22
DHT Sensor_dht(PinSensor, SensorTipo);

        // Crear el objeto sensor BMP180
Adafruit_BMP085 SensorBMP;

void setup() {

        //Setear velocidad de comunicaciones serial
    Serial.begin(9600);

        //Inicializar el sensor BMP
    SensorBMP.begin();
```

```
            // Inicializar el sensor DHT22
      Sensor_dht.begin();

}

void loop() {

      // Obtener medición de presión y convertir
      // a hectopascales (hPa)
   float pressure = bmp.readPressure() / 100.0F;

         // Enviar la medición al monitor serial
   Serial.print("Presión atmosférica: ");
   Serial.print(pressure);
   Serial.println(" hPa");

      // Leer la temperatura desde el sensor
   float temperatura = dht.readTemperature();

      // Enviar los valores de temperatura al
      // monitor serial
   Serial.print("Temperatura: ");
   Serial.print(temperatura);
   Serial.println(" °C");

      // Leer la humedad desde el sensor
float humedad = dht.readHumidity();

      // Enviar los valores de temperatura al
      // monitor serial
   Serial.print("Humedad: ");  Serial.print(humedad);
   Serial.println(" %");

         // Espera 2 segundos antes de la siguiente
      // lectura
   delay(2000);

}
```

3.4 DISPLAY LCD

Por supuesto que podemos agregar un display LCD 16x2 a nuestro proyecto. Si queremos usar el código anterior sin ninguna modificación, simplemente podemos copiar y pegar lo que utilizamos en el Capítulo 2 y modificar una sola conexión eléctrica. El pin 8 de Arduino Nano no se usará en el LCD sino en el sensor DHT22. Por lo tanto, para el LCD utilizaremos los pines 7, 6, 9, 10, 11 y 12, siendo el pin 6 el que reemplaza al pin de conexión al LCD del software propuesto en el Capítulo 2. Veamos entonces la inclusión de la librería lógicamente y la línea de código que configura el display:

```
#include <LiquidCrystal.h>

LiquidCrystal lcd(12, 11, 10, 9, 6, 7);

            //Conexión del display a Arduino
```

Como siempre, verificamos que las conexiones del display sean correctas, agregamos la resistencia de 220 Ω comentada en el capítulo anterior, y colocamos un potenciómetro para regular el contraste y obtener una mejor experiencia de uso.

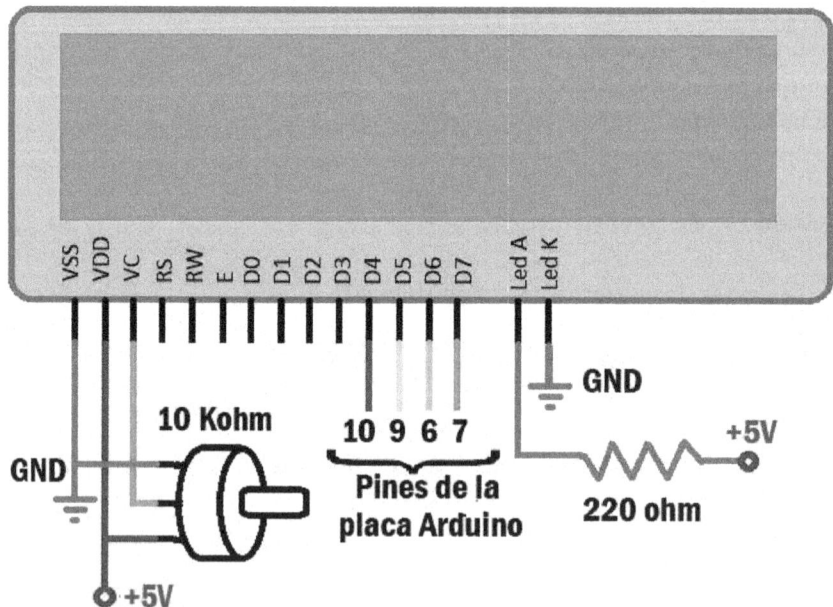

Figura 3.8. Conexiones del display LCD. Se utilizan cuatro pines de la placa Arduino Nano: 7, 6, 9 y 10 para conectar a los pines del display D4, D5, D6 y D7, respectivamente. Además, se incluye la resistencia de 220 Ω para el backlight y el potenciómetro de 10 KΩ para el contraste.

3.5 PROBLEMAS Y SOLUCIONES

Veamos algunas posibles fallas en las pruebas y puesta a punto de la estación meteorológica:

▶ **Problema**: los valores de medición devueltos por el sensor no son correctos, son ilegibles o no son numéricos.

▶ **Solución**: si la medición realizada por el sensor falla, no está bien calibrado, las condiciones ambientales son extremas o hubo fallos en la comunicación, podemos recibir un valor incorrecto. Esto puede controlarse mediante una función **isnan()**. Esta función no es específica del IDE de Arduino ni de ninguna biblioteca particular. Es una función proporcionada por el lenguaje de programación C/C++ estándar y está disponible en la mayoría de los entornos de programación que utilizan este lenguaje. Se utiliza para verificar si un valor es un número válido o no. Puede ser útil cuando trabajamos con números de punto flotante (valores decimales) y queremos asegurarnos de que los datos sean numéricos y no contengan valores no válidos. El significado de NaN es Not-a-Number (no es un número, en inglés).

El código siguiente se puede agregar para realizar una revisión de la información antes de enviarla al monitor serial. Si los valores devueltos por los sensores no son numéricos, se envía un mensaje de error de lectura indicando qué sensor tiene un fallo de lectura:

```
if (isnan(temperatura) || isnan(humedad)) {
    Serial.println("Error al leer el sensor DHT22");

delay(2000); // Espera 2 segundos antes de
             // intentar medir nuevamente

    return;
}

if (isnan(presion)) {
    Serial.println("Error al leer el sensor BMP180");

    delay(2000); // Espera 2 segundos antes de
                 // intentar medir nuevamente

    return;
}
```

- **Problema**: no se obtienen datos de temperatura y humedad o los valores no son correctos (sensor DHT22).

- **Solución**: verifiquemos en primer lugar que las conexiones sean correctas y seguras, es decir, que no haya falsos contactos en las conexiones del sensor, y entre éste y la placa Arduino. En segundo lugar, verifiquemos que la resistencia de pull-up sea de 10 KΩ (marrón, negro, naranja) y esté bien conectada. Ahora comprobemos que la variable que recibe la información sea del tipo **float**; esto es importante porque el dato que manda el sensor es de este tipo. En el código también revisemos que la espera para hacer una nueva medición sea de al menos 2 segundos: leer el sensor demasiado rápido puede resultar en lecturas incorrectas o inestables. Debemos también medir que la tensión de alimentación del sensor no sea superior a 5 V.

  Es importante destacar que las conexiones entre el sensor y la placa Arduino Nano tienen que ser cortas. Cables de conexión con grandes longitudes son inefectivos para este propósito y deben acortarse. El uso de cables blindados o apantallados puede reducir el nivel de ruido pero, nuevamente dependiendo de la distancia, también pueden resultar ineficaces.

  También pueden existir errores en las comunicaciones debido al uso incorrecto de librerías. Debemos verificar que la biblioteca que estamos utilizando para comunicarnos con el DHT22 esté correctamente instalada y actualizada. Las librerías pueden variar según el modelo y fabricante del sensor. Utilizar una biblioteca en reemplazo de la propuesta es factible y puede funcionar, pero se debe considerar si está desarrollada para el modelo de sensor que estamos utilizando, y consultar su hoja de datos para determinar que sus funciones y características se ajusten al proyecto.

  Los sensores DHT22 pueden dañarse con el tiempo o debido a condiciones ambientales adversas. Tenemos que verificar que las condiciones ambientales donde se encuentra ubicado el sensor se ajusten a las especificaciones correspondientes.

  Si todas las demás soluciones fallan, hay que considerar el reemplazo del sensor por uno nuevo.

- **Problema**: no se obtienen datos de presión (y temperatura) o los valores no son correctos (sensor BMP180).

- **Solución**: verifiquemos nuevamente las conexiones; no deben estar sueltas o flojas. Los falsos contactos pueden provocar funcionamientos erráticos. Revisemos que las conexiones del sensor estén firmes, al igual que las conexiones entre éste y la placa Arduino. Comprobemos que la tensión de alimentación se ajuste al modelo elegido. Tal como para el sensor DHT22, verifiquemos el código desarrollado, los tiempos entre mediciones, la librería, el tipo de variable utilizada, etc.

Dado que la comunicación de este sensor y la placa Arduino se realiza mediante I2C, debemos revisar que no haya inversión de pines y que se haya declarado la librería **Wire.h**.

Si existen múltiples dispositivos I2C conectados al mismo bus, hay que asegurar que no haya conflictos de direcciones de dispositivo. Cada dispositivo I2C debe tener una dirección única.

Por último, el sensor BMP180 es sensible a la presión atmosférica y la temperatura circundantes. Por lo tanto, aseguremos que el entorno en el que se encuentra el sensor sea adecuado para sus especificaciones. Los sensores pueden dañarse con el tiempo o debido a condiciones adversas o extremas. Si todas las demás soluciones fallan, quizás debamos reemplazarlo por uno nuevo, ya que podría estar dañado.

▶ **Problema**: si bien la información es recibida por el monitor serial, no se exhiben datos en el display LCD.

▶ **Solución**: verifiquemos nuevamente las conexiones del display. La posición del potenciómetro debe iniciar en el centro y luego girar la perilla hacia ambos lados lentamente buscando la mejor posición de contraste para una fácil lectura. Realicemos una verificación del valor de la resistencia de 220 Ω y su correcta conexión. La tensión de alimentación también debe ser controlada.

3.6 ACTIVIDADES

A continuación se presentan las preguntas y los ejercicios que deberías saber responder y resolver para considerar aprendido el capítulo.

3.6.1 Test de autoevaluación

1. *¿Un sensor barométrico se puede usar para medir altitud?*

2. *¿Qué es la "inercia operacional" que suelen tener los sensores de temperatura y humedad?*

3. *¿Por qué es importante considerar dicha inercia en el desarrollo de un proyecto que los utilice?*

4. *¿Qué condiciones pueden afectar la medición de la presión atmosférica?*

5. *¿Es posible medir altura absoluta con un sensor como el BMP180?*

6. *¿Por qué después de probar el proyecto en una placa protobard debemos pasarla a un circuito impreso?*

3.6.2 Ejercicios prácticos

1. *Agrega un reloj a la estación meteorológica de manera que puedas registrar las variaciones con fecha y hora.*

2. *Desarrolla el código para que se pueda colocar el sensor barométrico en un globo meteorológico y registrar la altura máxima alcanzada.*

3. *Analiza cómo implementar un registro de la presión atmosférica cada dos horas para poder realizar predicciones de tiempo en forma automática.*

4. *Implementa una alarma mediante el led integrado de la placa para que se encienda cuando se alcance una temperatura determinada.*

GLOSARIO

▶ **Anemómetro:** es un instrumento diseñado para medir la velocidad del viento. Esta herramienta es esencial en meteorología, climatología y diversas aplicaciones relacionadas con la ingeniería, la navegación y la aerodinámica. El propósito principal de un anemómetro es cuantificar la velocidad del viento en términos de kilómetros por hora (km/h), millas por hora (mph) o metros por segundo (m/s).

▶ **Conexiones serie:** también conocidas como comunicación serie o RS-232 (aunque este último término a veces se utiliza más específicamente), son un tipo de interfaz de comunicación utilizada para transmitir datos entre dispositivos electrónicos. Este método de comunicación se basa en la transmisión de bits de datos uno tras otro a través de un solo canal.

▶ **IDE:** son las siglas en inglés de "Integrated Development Environment", que en español significa "Entorno de Desarrollo Integrado". Un IDE es una herramienta de software que proporciona características integrales para el desarrollo de software en un solo entorno. Este tipo de entorno facilita la escritura, compilación, depuración y prueba de código, al combinar varias herramientas y servicios en una interfaz única.

▶ **Pines:** en el contexto de la electrónica y la informática se refiere a los contactos metálicos en un conector o un dispositivo que se utilizan para la conexión eléctrica. Estos pines son pequeñas piezas de metal que sobresalen de un componente y se conectan físicamente a otros dispositivos o circuitos.

▶ **Placa de desarrollo:** una placa de desarrollo, en el ámbito de la electrónica y la programación, es un tablero o placa que contiene componentes electrónicos esenciales, interfaces y puertos de entrada/salida. Está diseñada para facilitar el desarrollo, prototipado y programación de dispositivos electrónicos. Estas placas proporcionan un entorno amigable para los desarrolladores, permitiéndoles crear y probar circuitos sin la necesidad de diseñar desde cero.

▶ **Potenciómetro:** es un dispositivo eléctrico que proporciona resistencia variable en un circuito. También se le conoce como resistor variable o potenciómetro variable. Su función principal es ajustar la resistencia eléctrica en un circuito y, por ende, controlar el flujo de corriente.

▶ **Protoboard:** también conocido como placa de pruebas o breadboard en inglés, es una placa base con orificios conectados eléctricamente entre sí. Es comúnmente utilizado en electrónica y prototipado para construir y probar circuitos temporales sin la necesidad de soldar los componentes.

▶ **Shield:** en el contexto de la electrónica y la programación de hardware se refiere a una placa de expansión que se conecta a una placa base o plataforma base (como una placa Arduino) para agregar funcionalidades específicas. Estos shields son dispositivos modulares que se apilan sobre la plataforma base para proporcionar hardware adicional, como sensores, actuadores, comunicación inalámbrica u otras características.

▶ **Termistor:** es un dispositivo semiconductor cuya resistencia eléctrica varía significativamente con la temperatura. La palabra "termistor" proviene de la combinación de las palabras "termoeléctrico" y "resistor". Estos componentes son ampliamente utilizados en aplicaciones que requieren medición de temperatura y control de temperatura.

▶ **Variable:** en programación y matemáticas, una variable es un espacio de almacenamiento simbólico (generalmente representado por un nombre) asociado con un valor o información. Es una entidad que puede tomar diferentes valores durante la ejecución de un programa o en el contexto de una ecuación o expresión matemática.

En programación, las variables son fundamentales para almacenar y manipular datos. Cada variable tiene un tipo de datos que define el tipo de información que puede contener, como números, cadenas de texto o booleanos. La asignación de valores a variables y la posterior manipulación de esos valores son operaciones comunes en programación.

Parte 2

Riego automático con Arduino
Cerradura electrónica con Arduino
Cuenta regresiva con Arduino

4

RIEGO AUTOMÁTICO CON ARDUINO

Nuestro primer proyecto consiste en un sistema de riego automático. Este sistema se puede aplicar a una sola planta, a un jardín y hasta en un vivero completo. Es, por lo tanto, totalmente escalable al tamaño y las prestaciones que se necesiten.

4.1 DESCRIPCIÓN

Un sistema de riego automático es un dispositivo o un grupo de ellos conformado por componentes que interactúan abriendo y cerrando válvulas para permitir la irrigación de plantas, césped, cultivos, campos agrícolas, áreas verdes u otros espacios que requieran riego en cantidades controladas y de manera eficiente.

Estos sistemas son una herramienta importante para el ahorro de agua y la conservación de recursos, ya que evitan el desperdicio de agua al garantizar que solo se riegue cuando sea necesario o en una cantidad determinada.

Veamos las características típicas de un sistema de riego automático:

- **Programables**: es fundamental, en todo sistema de riego, que se pueda programar cuándo y con qué frecuencia se debe realizar. Esto puede ser diario, semanal o según un calendario específico. Ciertas especies de plantas requieren un riego especial, como por ejemplo las suculentas y las orquídeas.

- **Sensores**: algunos sistemas de riego automáticos incorporan sensores de humedad del suelo para determinar cuándo es necesario regar, para evitar el riego excesivo y ahorrar agua. También se pueden utilizar sensores de lluvia que evitan el riego cuando está lloviendo.

▶ **Válvulas y aspersores**: se utilizan válvulas para controlar el flujo de agua a través de aspersores, goteo o sistemas de riego por pulverización. Existen válvulas que se adaptan a cada necesidad.

▶ **Tuberías y mangueras**: el sistema puede contar con una red de cañerías o mangueras para distribuir el agua de manera eficiente.

▶ **Fuentes de agua**: los sistemas de riego pueden conectarse a redes o fuentes de agua, tanques o cisternas.

▶ **Ahorro de agua**: uno de los objetivos clave de estos sistemas es proporcionar riego de manera eficiente, lo que a menudo se logra a través de la automatización y la capacidad de ajustar la cantidad de agua entregada.

▶ **Zonificación**: los sistemas de riego pueden diseñarse para dividir el área en zonas y programar el riego de cada sector por separado, lo que permite adaptarlo a diferentes tipos de plantas o áreas con necesidades variables.

▶ **Monitorización y control remoto**: por supuesto, un sistema de riego avanzado permitirá el monitoreo y control a distancia a través de dispositivos móviles o ordenadores.

El proyecto que se propone a continuación utilizará los siguientes componentes: una placa Arduino Nano, un teclado de membrana, un reloj de tiempo real o RTC (real time clock), un display LCD, una electroválvula, un módulo relé y un sensor de humedad.

4.2 ARDUINO NANO

Se utilizará una placa **Arduino Nano** como cerebro del robot de riego. Esta placa de desarrollo está basada en un microcontrolador **ATmega328p**, es simple y compacta. Su bajo costo la convirtió en una de las placas más populares del mundo.

Estas son algunas de las características por la que esta placa es ideal para este robot:

▶ **Pines digitales D0 a D13**: estos pines se pueden utilizar como entradas o salidas. Además, algunos de ellos tienen funciones especiales, como PWM, I2C, comunicación serial, y más.

▶ **Pines analógicos A0 a A7**: se utilizan para medir señales analógicas, pero también se pueden usar como pines de entradas o salidas digitales.

▸ **Librerías de uso libre**: las librerías que incluye el entorno de programación de Arduino facilitan el trabajo de programar el robot, y son de uso libre y gratuito.

▸ **Tamaño compacto**: la placa Arduino Nano es muy pequeña. Esto la hace adecuada para aplicaciones donde se requiera un tamaño determinado.

▸ **Potencia de procesamiento**: aunque no es la placa Arduino más potente, posee una capacidad de procesamiento sobrada para este proyecto.

▸ **Bajo costo:** las placas Arduino Nano son de las más económicas del mercado, lo que las hace ideales para este proyecto.

▸ **I2C**: tiene disponible el protocolo de comunicación I2C, este protocolo ahorrará muchas líneas de código.

En resumen, Arduino Nano es una placa de desarrollo compacta y versátil que ofrece muchas ventajas, especialmente en proyectos que requieren poco espacio físico y en entornos educativos o de aprendizaje, pero que también puede utilizarse en desarrollos más complejos.

4.3 TECLADO DE MEMBRANA

Este dispositivo de entrada es muy común y se utiliza en muchos artefactos electrónicos desde computadoras hasta electrodomésticos y mecanismos industriales.

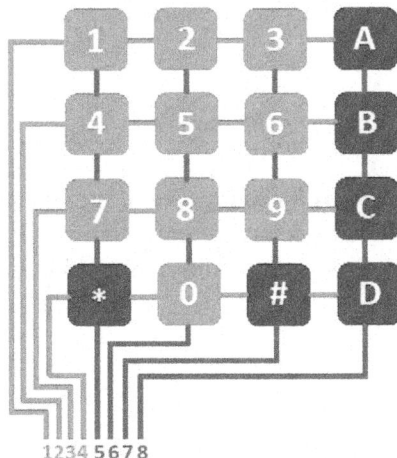

Figura 4.1. En el esquema, los contactos para las filas 1 a 4 se identifican en verde, mientras que, para las columnas, los contactos se identifican en violeta y del 5 al 8.

En el IDE de Arduino se utiliza la librería **Keypad.h** para del teclado.

```
#include <Keypad.h>
```

Con esta simple línea de código, se pueden comenzar a utilizar las funciones de control del teclado.

Una de las mayores ventajas de la librería: el control "antirrebote", una función realmente fantástica. **Antirrebote** es un término utilizado en ingeniería electrónica para describir un fenómeno físico que ocurre cuando un interruptor mecánico es presionado o liberado.

Es importante tener en mente que, si se desarrolla un código propio de control del teclado, debe incluir esa función para un rendimiento óptimo.

Y entonces, ¿cómo se obtiene la tecla presionada?

Utilizando una función. La función **getkey**. Se declara una variable tipo **char** y, luego, se solicita la tecla presionada:

```
char tecla = keypad.getKey();
//Obtener la tecla
//presionada

if (tecla != NO_KEY) {
     Serial.println("Tecla presionada: " + String(tecla));
   }
```

Después, se verifica si el valor devuelto por la función es distinto a **NO_KEY**, es decir, si es distinto a **tecla no presionada**.

4.4 RTC

Real Time Clock o **reloj de tiempo real** es un módulo de expansión para la placa Arduino; es el que se ocupa de mantener el tiempo de todo el sistema. También se pueden ver las características principales y una descripción más detallada en el ebook 1 de esta colección.

Figura 4.2. RTC modelo DS1307. El modelo DS1307 de Maxim Integrated es muy popular y ampliamente utilizado en proyectos de electrónica y sistemas embebidos aun cuando no posee compensación de temperatura interna.

Como ya se sabe y al igual que con el teclado de membrana, Arduino posee librerías para su utilización.

```
#include <Wire.h>
#include <RTClib.h>
```

Declaración de librerías para la utilización del RTC.

A continuación se repasan algunas características de este dispositivo.

El protocolo **I2C** utiliza solo dos pines:

▸ **SDA (Serial Data Line)**: línea para transmitir datos bidireccionalmente entre el maestro y los esclavos. En la placa Arduino Nano, se utilizan los pines **A4** o **ADC4**.

▸ **SCL (Serial Clock Line)**: línea para sincronizar las transferencias de datos entre los dispositivos. En la placa Arduino Nano se utilizan los pines **A5** o **ADC5**.

Para programarlo, se presenta este ejemplo:

```
RTC_DS1307 rtc; //Crear objeto tipo RTC

rtc.adjust(DateTime(1981, 08, 12, 10, 30, 00));
     //Ajustar fecha y hora
```

También podría hacerse de la siguiente manera:

```
RTC_DS1307 rtc; //Crear objeto tipo RTC

DateTime fecha=DateTime(1981, 08, 12, 10, 30, 00));

rtc.adjust(fecha); //Ajustar fecha y hora
```

donde **fecha** es la variable de la clase **DateTime**.

La simplicidad del código es una ventaja del uso de la librería.

4.5 DISPLAY LCD 16X2

Este dispositivo de salida es muy común en proyectos con microcontroladores y placas de desarrollo como Arduino. Permite enviar al usuario cualquier texto o número en dos líneas de texto de hasta 16 caracteres cada una. Al igual que con los periféricos mencionados, se pueden ver las características principales y una descripción más detallada en el ebook 1 de esta colección.

En general los display LCD cuentan con 14 pines de conexión más dos para el backlight.

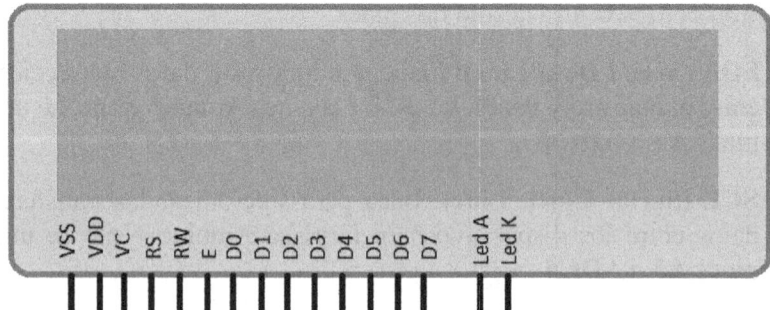

Figura 4.3. Si bien el display cuenta con 8 pines de datos (D0 a D7) para enviarle información, en general, se utilizan solo 4. Por ejemplo, en una placa Arduino Nano o Micro donde la cantidad de pines es menor en comparación con placas más grandes. Es decir, la cantidad por utilizar dependerá de la disponibilidad de pines del proyecto.

Recuerda que, como medida de seguridad, se coloca una resistencia de 220Ω para controlar la corriente. Si bien esta resistencia puede modificarse para lograr más o menos iluminación, 220 ohms es un valor típico.

Respecto al contraste, este se controla por medio del pin **Vc**, y lo usual es utilizar un potenciómetro lineal de 10KΩ, que permite ajustar a gusto. También puede colocarse una resistencia fija con un valor acorde a la necesidad del usuario.

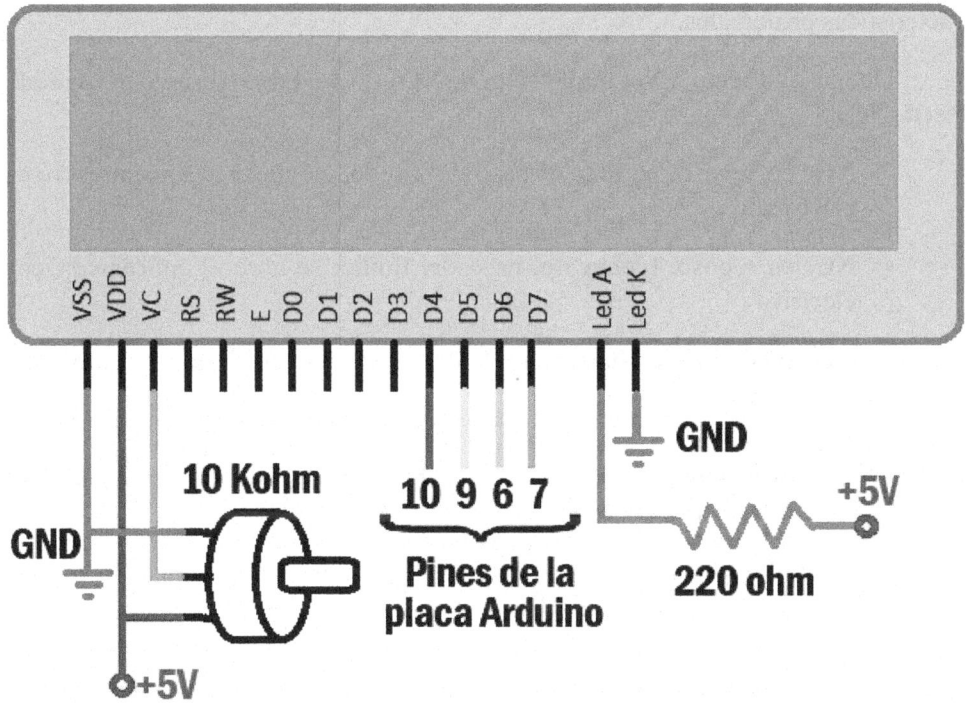

Figura 4.4. El display requiere la conexión de una resistencia de 220Ω para el backlight y un potenciómetro de 10kΩ para el control de contraste.

La librería para controlar un display tipo LCD se llama **LiquidCrystal.h**.

```
#include <LiquidCrystal.h>
```

Con esta línea de código, se la incluye en este programa para el manejo del display LCD.

4.6 ELECTROVÁLVULA

Una **electroválvula** es un dispositivo que controla el paso de un líquido cualquiera cuando es activada mediante una corriente que circula por su bobina interna. Hay varios tipos de electroválvulas, cada uno diseñado para diferentes aplicaciones y con diversas características.

Los siguientes son algunos tipos comunes de electroválvulas y sus características principales.

De paso directo (**Normally Open–NO**) y de paso cerrado (**Normally Closed–NC**):

- **NO**: en reposo, permite el paso del fluido; se cierra al aplicar corriente eléctrica.

- **NC**: en reposo, bloquea el paso del fluido; se abre al aplicar corriente eléctrica.

- **2 vías**: controla el flujo de un fluido, generalmente abierto o cerrado.

- **3 vías**: puede controlar el flujo de un fluido hacia dos salidas distintas.

- **Proporcionales**: permiten un control más preciso del flujo o la presión al ajustar la corriente eléctrica.

- **Pilotadas por presión**: son controladas por una señal de presión en lugar de una señal eléctrica directa.

Las electroválvulas pueden ser de acción directa y de acción indirecta:

- **Directa**: son rápidas y se activan con baja presión.

- **Indirecta**: requieren una presión más alta para operar, y su respuesta es más lenta.

Se fabrican con diversos materiales dependiendo del fluido que se maneje: como acero inoxidable, latón, plástico, etcétera.

- **Tamaño y caudal**: pueden ser de diferentes tamaños, lo que determina el caudal que pueden manejar desde pequeñas válvulas para aplicaciones domésticas hasta grandes válvulas para aplicaciones industriales.

▶ **Tipo de conexión**: hay electroválvulas con diferentes tipos de conexiones, como roscadas, de brida, de enchufe, etcétera.

Para este robot regador, se utilizará una electroválvula que se adapte a tus necesidades. Por ejemplo, si desarrollas un proyecto doméstico, una electroválvula económica y de uso común será suficiente. Si, por el contrario, el proyecto requiere un uso intensivo y para mantener, por ejemplo, un invernadero de tamaño mediano, necesitarás una electroválvula que se ajuste a las dimensiones de las tuberías y los caudales adecuados. La elección de la electroválvula apropiada, entonces, depende de la aplicación específica, el tipo de fluido, la presión, el caudal y otras condiciones operativas.

En el primer supuesto, la imagen siguiente ilustra una electroválvula como las utilizadas en las máquinas lavarropas que se ajusta perfectamente a las necesidades de control del flujo de agua corriente.

Figura 4.5. Electroválvula simple de uso en lavarropas domésticos. Las electroválvulas pueden trabajar con distintas tensiones: 12V, 24V, 220V, etcétera, y pueden ser también de corriente continua o alterna.

Una electroválvula económica como la de la imagen será más que suficiente para un sistema de riego doméstico. Estas en general se operan con tensiones de 220V de corriente alterna por lo que será necesario disponer de un módulo de control para que no se dañe la placa Arduino. Para ello, entonces, utilizarás un módulo relé.

4.7 MÓDULO RELÉ

Un **módulo relé** es un dispositivo que permite controlar cargas eléctricas de mayor voltaje o corriente utilizando señales de voltaje más pequeñas, como las que se generan con una placa Arduino.

Estos módulos constan de un relé electromagnético y un circuito de control. El **relé electromagnético** es un interruptor que se activa por medio de una señal eléctrica; al recibir esta señal, el relé cierra o abre un circuito eléctrico separado del Arduino. Esto significa que se pueden controlar dispositivos que requieren una mayor potencia o corriente, como luces, motores, electrodomésticos, entre otros, sin sobrecargar la placa Arduino, ya que el relé aísla eléctricamente ambos circuitos. Estos módulos son muy útiles para proyectos donde se necesite controlar dispositivos de alto voltaje, como la activación o desactivación de luces, electrodomésticos, etcétera. En este caso, se usa una electroválvula para un sistema de riego.

Figura 4.6. Módulo relé. Algunos modelos (como el de la foto) incluyen leds para indicar si se encuentra activo o no. Este módulo se alimenta y se controla con una tensión de 5V y puede manejar cargas de hasta 10 amperes.

Utilizarás este módulo o uno similar. Cabe aclarar que cualquier módulo relé puede servir, dado que las electroválvulas no requieren gran potencia para operar y, por lo tanto, es válido cualquier módulo simple, complejo, costoso o económico.

4.8 SENSOR DE HUMEDAD

Estos sensores son dispositivos que permiten medir los niveles de humedad del ambiente en el que se encuentran. Utilizan diferentes tecnologías para detectar y cuantificar la humedad.

El **sensor de humedad del suelo** para riego es un dispositivo diseñado para medir la humedad presente en el suelo. Es una herramienta útil en proyectos de riego automático, agricultura de precisión o jardinería, ya que permiten monitorear y controlar los niveles de humedad en el suelo.

Estos sensores, generalmente, constan de una sonda o electrodo que se inserta en el suelo y mide la humedad relativa. La mayoría de los sensores de humedad del suelo funcionan utilizando principios de capacitancia o resistencia. Algunos modelos emplean tecnologías ópticas o de conductividad eléctrica para detectar la humedad.

Principales características de los sensores de humedad del suelo:

▶ **Rango de medición**: pueden medir la humedad relativa del suelo en un determinado rango, indicando si el suelo está seco, húmedo o saturado.

▶ **Precisión**: ofrecen distintos niveles de precisión en la medición de la humedad. Esto facilita dar un mejor cuidado a diferentes plantas, para que se brinde la cantidad justa de riego.

▶ **Conexión con microcontroladores**: muchos sensores de humedad del suelo están diseñados para ser compatibles con placas de desarrollo como Arduino, lo que facilita su integración en proyectos de automatización.

▶ **Resistencia al agua**: lógicamente, son resistentes al agua para permitir mediciones precisas, incluso en suelos muy húmedos o bajo la lluvia.

Al utilizar estos sensores en sistemas de riego automatizados, se puede lograr un riego más eficiente y económico, ya que el sistema solo se activará cuando sea necesario y, para esto, se basará en las lecturas del sensor. Esto ayuda a evitar el riego excesivo o insuficiente, lo que puede ser perjudicial para las plantas.

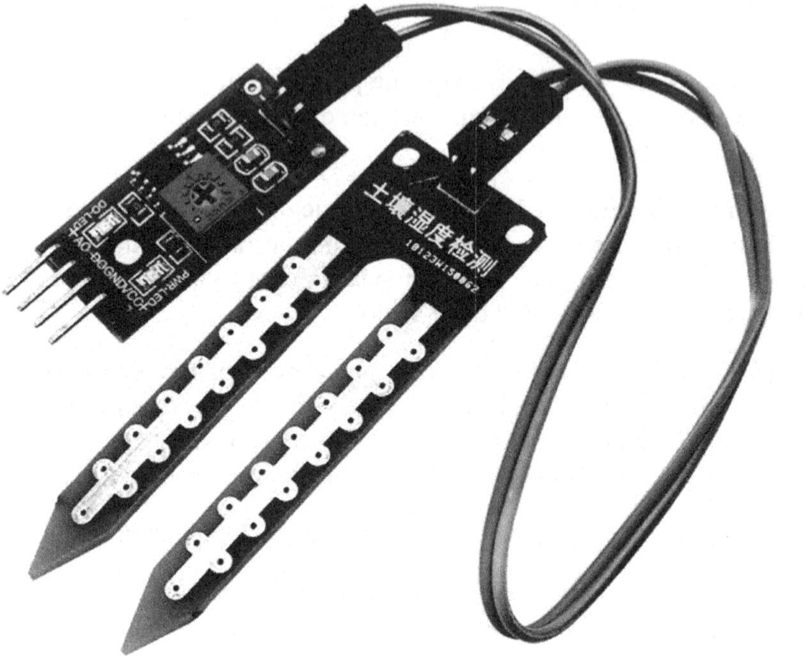

Figura 4.7. Sensor de humedad modelo YL-69. Posee 4 pines de
entrada/salida y se alimenta con una tensión de 5V.

4.9 FUNCIONAMIENTO

El proyecto que se desarrolla funciona midiendo la humedad del suelo y habilitando el riego solo cuando se necesite. Es decir, no consiste solamente en un sistema temporizador o **timer** que riega cada cierto intervalo de tiempo. Es, por lo tanto, un sistema más inteligente ya que, en caso de que llueva o haya suelo mojado, saturado o más húmedo de lo necesario, no regará.

Al iniciar el sistema, se debe programarle la hora actual y, luego, indicarle los horarios de riego y la duración que deberá ser de, al menos, un minuto.

Se conecta la electroválvula al flujo de agua corriente, tanque elevado o cualquier suministro de agua que se utilice normalmente para regar.

Cada vez que se cumplan los horarios programados y siempre que la medición de humedad del suelo sea la programada (o menos), se abrirá/activará la electroválvula permitiendo que se realice el riego.

4.10 EL CÓDIGO

Ahora se desarrollará el firmware. **Firmware** es un programa informático. Un tipo de software que está diseñado para ser ejecutado en dispositivos embebidos. Un **dispositivo embebido** se refiere a un dispositivo electrónico autónomo y especializado, diseñado para llevar a cabo una función o un conjunto limitado de funciones de manera dedicada.

Como ya se dijo, al iniciar el sistema se deberá ingresar la hora actual. Para ello, el sistema solicitará el ingreso de la hora en números de 0 a 23 y, luego, los minutos de 0 a 59. Para aceptar los valores, se puede usar el símbolo # como **Enter** y agregar el símbolo * para borrar el último carácter ingresado. Así, en caso de error, es posible borrar y reingresar sin necesidad de reiniciar todo el sistema.

También hay que controlar que los valores por ingresar no superen los límites lógicos. No se debe permitir que se ingrese, por ejemplo, 26 horas, 422 minutos. Así que se controlará también que se ingresen, en el rango indicado, horas de 0 a 23 y, lógicamente, minutos de 0 a 59.

Una vez que el usuario ingrese los datos, el reloj comenzará a funcionar exhibiendo la hora, los minutos y los segundos en el display.

Es posible agregar una opción que permita al usuario modificar la hora actual cada vez que presione la letra **C**, para solicitar el reingreso de la hora.

El código que se utiliza en el reloj Arduino del ebook 1 de esta colección es el mismo que se usará en este proyecto con algunas modificaciones. Por ejemplo, se debe agregar que el sistema pregunte cuántas veces por día se habilitará el riego. Y luego agregar también que verifique si el suelo tiene más o menos humedad que la programada.

Pero, además de preguntar cuántas veces por día se debe regar, hay que tener la posibilidad de modificar ese valor sin necesidad de reiniciar todo el sistema. Para ello, se utiliza una de las teclas especiales del teclado, en este caso la tecla **B**. Cada vez que se presione esta tecla, se podrá reconfigurar la cantidad de veces por día que se debe regar y, también, la duración que tendrá. El sistema almacenará la programación de cantidad de veces y horarios programados en la memoria **EEPROM** de la placa Arduino Nano, de manera que no se pierda ante un posible corte de energía eléctrica o alimentación del sistema.

La placa Nano, al igual que otros modelos de placas Arduino, cuenta con una memoria EEPROM (Electrically Erasable Programmable Read-Only Memory) integrada en el chip del microcontrolador. La EEPROM es una forma de memoria no volátil que permite almacenar datos de forma permanente, incluso cuando la placa se apaga o se reinicia.

En el caso de Arduino Nano, la cantidad de memoria EEPROM puede variar según la versión y el fabricante, pero por lo genera suele tener una capacidad de 1024 bytes o 1 kilobyte. Esto significa que es posible almacenar hasta 1024 bytes de datos en la memoria EEPROM para su posterior lectura o escritura.

La EEPROM se utiliza comúnmente para almacenar configuraciones, valores de calibración, datos importantes o cualquier información que necesite ser conservada, incluso después de apagar la placa Arduino.

Para acceder y utilizar la memoria EEPROM en Arduino, se emplean funciones específicas como **EEPROM.write(),** para escribir datos en la memoria, y **EEPROM.read()**, para leer datos de ella. También existen otras funciones, como **EEPROM.put()** y **EEPROM.get()**, que permiten almacenar y recuperar tipos de datos más complejos, como variables o estructuras, en la EEPROM.

Es importante tener en cuenta que la EEPROM tiene un límite de ciclos de escritura (por lo general miles o cientos de miles de ciclos), por lo que se debe tener precaución al escribir datos con frecuencia para evitar desgastar prematuramente esta memoria. Sin embargo, esto no tiene que preocuparnos en este proyecto, porque dicho límite es, casi siempre, de 100.000 ciclos, es decir que se debería reconfigurar el sistema al menos cien mil veces para empezar a tener inconvenientes de grabado en la memoria. Por otro lado, no existen limitaciones para la lectura de dicha EEPROM, acción que el sistema propuesto realizará constantemente.

Para poder utilizar la memoria EEPROM de la placa Nano, en primer lugar se debe declarar la librería que facilitará su uso. Basta con incluir la siguiente línea de código para que se acceda a las funciones mencionadas antes: lectura, escritura, etcétera.

```
#include <EEPROM.h>
```

Con esa simple instrucción es posible utilizar todas las funciones disponibles.

Así queda el código con las modificaciones necesarias para este RTC, teclado matricial de 4x4 y el display de LCD 16x2:

```
// Declaración de librerías y variables
// necesarias
#include <Wire.h>
#include <Adafruit_I2CDevice.h>
#include <LiquidCrystal.h>
#include <RTClib.h>
```

```
#include <Keypad.h>
#include <EEPROM.h>

RTC_DS1307 rtc;  // Instancia del módulo RTC

boolean Bpresionada = false;
const byte filas = 4;
const byte columnas = 4;
unsigned long tiempoInicio = 0;
char key;
int Veces = 0;

char teclas[filas][columnas] = {
  {'1','2','3','A'},
  {'4','5','6','B'},
  {'7','8','9','C'},
  {'*','0','#','D'}
};
byte pinesFilas[filas] = {9, 8, 7, 6};
byte pinesColumnas[columnas] = {13, A0, A1, A2};
Keypad keypad = Keypad(makeKeymap(teclas), pinesFilas, pinesColumnas, filas, co-
lumnas);

LiquidCrystal lcd(12, 11, 5, 4, 3, 2); // Conexión de pines del LCD

//*** CONFIGURACIÓN INICIAL ***
void setup() {
  Serial.begin(9600);  //Baudios para el monitor
  Wire.begin(); //Inicializar I2C
  rtc.begin();  //Inicializar RTC
  lcd.begin(16, 2);    //Inicialización del LCD
  int Hora = PedirDato("Hora (0-23) + #",0,23);
  int Minutos = PedirDato("Minutos(0-59) +#",0,59);
  rtc.adjust(DateTime(2023, 11, 1, Hora, Minutos, 0));
}

void loop() {

//*** MOSTRAR HORA ACTUAL ***
  lcd.setCursor(0, 0);       //Posiciona el cursor
  DateTime now = rtc.now(); //Lee hora actual
          //del RTC
  lcd.print("Hora: ");
  if (now.hour() < 10) {
    lcd.print("0"); //Agrega un 0 si la hora es
```

```
                          //menor a 10
    }
    lcd.print(now.hour());
    lcd.print(":");
    if (now.minute() < 10) {
      lcd.print("0"); //Agrega un 0 si los minutos
                      //son menores a 10
    }
    lcd.print(now.minute());
    lcd.print(":");
    if (now.second() < 10) {
      lcd.print("0"); //Agrega un 0 si los minutos
                      //son menores a 10
    }
    lcd.print(now.second());

//*** VERIFICAR SI SE PRESIONÓ UNA TECLA ***
    key = keypad.getKey();
    if (key != NO_KEY) {

      //Configurar cantidad de veces que debe regar
      if (key == 'B') {
        byte dirMem = 2;  // Posición de memoria 2
        Veces=PedirDato ("Cuántas veces?",1,9);
        EEPROM.put(dirMem, Veces); // Grabar dato
        for (int Cont=1; Cont<=Veces; Cont++) {
            lcd.clear();
            lcd.print("Vez nro: ");
            lcd.print(Cont);
            delay(1000);
            int Hora = PedirDato("Hora (0-23)", 0 ,23);
            int Minutos = PedirDato("Minutos(0-59) +#", 0 ,59);
            unsigned long TiempoConfig = Hora * 60 + Minutos;
            // Calcular la dirección de la EEPROM
            // para este número de vez/ocasión
            dirMem = 5 + (Cont - 1) * 4;
            EEPROM.put(dirMem, TiempoConfig);
            lcd.clear();
            lcd.print("Guardado.");
            delay(1000);
        }
      }

      //Reingresar hora del reloj
      if (key == 'C') {
```

```
      lcd.clear();
      lcd.setCursor(0,0);
        // Muestra el mensaje para reingresar la
        // hora en la primera fila
      lcd.print(«Reingrese hora:»);

      delay(2000);
      int Hora = PedirDato(«Hora (0-23) + # « , 0 ,23);
      int Minutos = PedirDato(«Minutos(0-59) +#», 0 ,59);
      rtc.adjust(DateTime(2023, 11, 1, Hora, Minutos, 0));
    }
  }

//Rutina para ingreso de información al sistema
int PedirDato(String texto, int minVal, int maxVal) {
  String timeStr = «»;
  int value = 0;
  char key;
  boolean DatoOK=false;
  do {
    lcd.clear();
    lcd.setCursor(0, 0);
    lcd.print(texto);
    lcd.setCursor(0, 1);
    value = 0;

    do {
      key = keypad.getKey();
      if (key >= ‹0› && key <= ‹9›) {
        timeStr += key;
        lcd.print(key);
      }

      if (key == ‹*› && timeStr.length() > 0) {
        timeStr.remove(timeStr.length() - 1);
        lcd.setCursor(timeStr.length(), 1);
        lcd.print(« «); // Borrar el último dígito en el LCD
        lcd.setCursor(timeStr.length(), 1);
      }
    } while (key != ‹#›);

    value = timeStr.toInt();
    // Verificamos que el valor sea correcto y
    // esté dentro los valores mínimo y máximo
    // requeridos después de presionar '#'
```

```
    if (value > maxVal) {
   //Valor incorrecto
     DatoOK=false;
     timeStr = «»;
     lcd.clear();
     lcd.setCursor(0,0);
     lcd.print(«ERROR. REINGRESE»);
     lcd.setCursor(0,1);
     lcd.print(«DATO»);
     delay(2000);
   } else {
   //Valor correcto
     DatoOK=true;
   }
   lcd.clear();      // Borrar display
  }while (!DatoOK); // Reintentar hasta dato OK
  return value;     // Devolver valor ingresado
 }

//FIN DEL PROGRAMA
```

Ahora se desarrollará el código para el sensor de humedad del suelo. Para ello, hay que tener en cuenta cómo funciona para saber qué resultados esperar. El sensor de humedad del suelo YL-69 detecta la humedad en el suelo midiendo la conductividad eléctrica. Este sensor consta de dos partes principales: una sonda de detección y un módulo comparador.

La **sonda de detección** está compuesta por dos electrodos metálicos que se insertan en el suelo. Cuando el suelo está húmedo, se vuelve conductor y permite que la corriente fluya entre los electrodos. En cambio, si el suelo está seco, su resistencia aumenta y, por lo tanto, reduce la corriente eléctrica entre los electrodos.

El **módulo comparador** se encarga de leer esta variación en la conductividad del suelo y produce una señal de salida proporcional a la humedad detectada. Al medir la resistencia o la conductividad eléctrica entre los electrodos, el sensor puede estimar la humedad del suelo. En el modelo de sensor propuesto, uno de los más comunes, el resultado es un valor que oscila entre 0 y 1023, aunque normalmente no se esperaría ver valores tan extremos como 0 o 1023 directamente relacionados con la humedad del suelo, pero pueden ser utilizados como límites para determinar condiciones de suelo seco o húmedo basándose en mediciones y calibración específica.

Es decir, el sensor de humedad del suelo YL-69 no ofrece una respuesta de voltaje específica estandarizada. La lectura en el pin analógico en el que se encuentre conectado el sensor variará según la humedad del suelo y puede oscilar entre valores específicos dependiendo de varios factores, como la calidad del suelo, el nivel de humedad y las condiciones ambientales, es decir, según la conductividad del suelo. Fertilizantes, zonas geográficas y otros aspectos pueden afectar los resultados entregados por el sensor.

Debido a todo lo indicado, se deben realizar pruebas (quizás varias) para ajustar el sistema a las necesidades de nuestras plantas o cultivos. Inicialmente se propone un valor medio de 5000 para iniciar la experimentación. El sistema realizará la medición constante del suelo y, cuando el resultado o la respuesta sea mayor que 500, se podrá definir que el suelo está seco y se habilitará el riego o el paso de agua por medio de la electroválvula.

El código es el siguiente:

```
// Definición de pines

// Pin analógico conectado al sensor YL-69
const int sensorPin = A7;        //Pin A7

    // Pin digital para la electroválvula
    // (se activará si el suelo está seco)
const int Electrovalvula = 10;  //Pin 10

void setup() {
  // Configura el pin del LED como salida
  pinMode(Electrovalvula, OUTPUT);

  // Inicializa la comunicación serial a 9600
   // baudios para mostrar el resultado de la
   // medición en el monitor serial
  Serial.begin(9600);
}

void loop() {

  // Lee el valor del sensor
  int sensorValue = analogRead(sensorPin);

  // Envia el valor del sensor al monitor serial
  Serial.print("Valor del sensor: ");
  Serial.println(sensorValue);

  // Comprueba si el suelo está seco (ajusta el
  // valor según tus mediciones). Este valor se
```

```
  // debe ajustar según las necesidades
  if (sensorValue > 500) {

    // Enciende la electroválvula si el suelo
    // está seco
    digitalWrite(Electrovalvula, HIGH);
    Serial.println("Suelo seco. Activando
    electrovalvula.");
  } else {

    // Apaga la electrovalvula si el suelo está // húmedo
    digitalWrite(ledPin, LOW);
    Serial.println("Suelo húmedo. Apagando la electroválvula.");
  }

// Espera 1 segundo antes de la próxima lectura
  delay(1000); }
}


//Fin del programa
```

Ya están las dos partes principales del software, falta realizar la comparación del horario en que se debe comenzar a regar y ensamblar las partes.

Se observa aquí la comparación del tiempo con el horario programado:

```
//*** COMPARAR HORARIO *****
// En la posición de memoria 2 se almacena la
// cantidad de veces que se debe regar
  EEPROM.get(2, Veces);

// Verificamos que el valor sea correcto (1 a 9)
  if (Veces>0 && Veces<9){
    for (int i=1; i <= Veces; i++) {
        unsigned long HoraActual = rtc.now().hour() * 60 + rtc.now().minute();
        unsigned long HoraRiego;
        dirMem = 5 + ((i - 1) * 4);
        // Recuperamos el primer valor
        // almacenado de la memoria EEPROM
        EEPROM.get (dirMem, HoraRiego);

        // Verificamos si se cumple la hora de
        // riego programada y almacenada
        if (HoraActual ==  HoraRiego){
          // Verificamos la humedad del suelo
```

```
      // Lee el valor del sensor
   int sensorValue = analogRead(sensorPin);
   if (sensorValue > 500) {
        lcd.clear();
        lcd.setCursor(0,0);
        lcd.print("Regando...  ");
        // Enciende la electroválvula ya
        // que el suelo está seco
        digitalWrite(Electrovalvula, HIGH);
      } else {
        // Apaga la electroválvula ya que
        // el suelo está húmedo
        digitalWrite(Electrovalvula, LOW);
      }
    }
  }
 }
//Fin de la comparación
```

Este código toma de la memoria EEPROM, posición 2, un valor que indica la cantidad de veces que tiene que regar por día. Luego, utiliza ese valor para realizar lecturas de la memoria en busca de los horarios de riego programados. Después, obtiene esos valores y los compara con la hora actual provista por el RTC. En caso de encontrar una coincidencia, realiza una medición del sensor para determinar si el suelo está seco o húmedo y actuar en consecuencia.

Una vez que se cumple el horario y se detecta el suelo seco, se inicia el riego. El riego se detendrá si el suelo pasa al estado húmedo. Pero, como se ve en el código, esa medición del suelo se realiza solo cuando se alcanza alguno de los horarios programados. Entonces, para evitar que el suelo se inunde, se agrega la comparación del estado del suelo en el cuerpo principal del código y para que actúe siempre que el suelo haya llegado a la humedad deseada, independientemente de que se haya iniciado o no el riego programado.

Esto evitará, por ejemplo, regar si está o estuvo lloviendo. Si el suelo está húmedo (o por encima del valor programado), no importa que se cumpla el horario, no se regará.

Solo resta ensamblar las partes del código. A continuación se ve cómo queda el código completo:

```
#include <Wire.h>
#include <Adafruit_I2CDevice.h>
#include <LiquidCrystal.h>
```

```cpp
#include <RTClib.h>
#include <Keypad.h>
#include <EEPROM.h>

RTC_DS1307 rtc;  // Instancia del módulo RTC

boolean Bpresionada = false;
const byte filas = 4;
const byte columnas = 4;
unsigned long tiempoInicio = 0;
char key;
int Veces = 0;

char teclas[filas][columnas] = {
  {'1','2','3','A'},
  {'4','5','6','B'},
  {'7','8','9','C'},
  {'*','0','#','D'}
};
byte pinesFilas[filas] = {9, 8, 7, 6};
byte pinesColumnas[columnas] = {13, A0, A1, A2};
Keypad keypad = Keypad(makeKeymap(teclas), pinesFilas, pinesColumnas, filas, co-
lumnas);

// Conexión de pines del LCD
LiquidCrystal lcd(12, 11, 5, 4, 3, 2);

//*** CONFIGURACIÓN INICIAL ***
void setup() {
  Serial.begin(9600);  //Baudios para el monitor
  Wire.begin(); //Inicializar I2C
  rtc.begin();  //Inicializar RTC
  lcd.begin(16, 2);    //Inicialización del LCD
  int Hora = PedirDato("Hora (0-23) + #",0,23);
  int Minutos = PedirDato("Minutos(0-59) +#",0,59);
  rtc.adjust(DateTime(2023, 11, 1, Hora, Minutos, 0));
}

void loop() {

//*** MOSTRAR HORA ACTUAL ***
  lcd.setCursor(0, 0);     //Posiciona el cursor
  DateTime now = rtc.now();  //Lee hora actual
          //desde el RTC
```

```
lcd.print("Hora: ");    //Escribe Hora en LCD
if (now.hour() < 10) {
  lcd.print("0"); //Agrega un 0 si la hora es
                  //menor a 10
}
lcd.print(now.hour());
lcd.print(":");

if (now.minute() < 10) {
  lcd.print("0"); //Agrega un 0 si los minutos
                  //son menores a 10
}
lcd.print(now.minute());
lcd.print(":");

if (now.second() < 10) {
  lcd.print("0");//Agrega un 0 si los segundos
                 //son menores a 10
}

lcd.print(now.second());

//*** VERIFICAR SI SE PRESIONÓ UNA TECLA ***
key = keypad.getKey();
if (key != NO_KEY) {

  //Configurar cantidad de veces que debe regar
  if (key == 'B') {
    byte dirMem = 2; // Posición de memoria 2
    Veces=PedirDato ("Cuántas veces?",1,9);
    EEPROM.put(dirMem, Veces); // Grabar dato

    for (int Cont=1; Cont<=Veces; Cont++) {
      lcd.clear();
      lcd.print(«Vez nro: «);
      lcd.print(Cont);
      delay(1000);
      int Hora = PedirDato(«Hora (0-23)», 0 ,23);
      int Minutos = PedirDato(«Minutos(0-59) +#», 0 ,59);
      unsigned long TiempoConfig = Hora * 60 + Minutos;
      // Calcular la dirección de la EEPROM
      // para este número de vez/ocasión
      dirMem = 5 + (Cont - 1) * 4;
      // Grabar el valor ingresado en EEPROM
```

```
        EEPROM.put(dirMem, TiempoConfig);

        lcd.clear();
        lcd.print(«Guardado.»);
        delay(1000);
    }
  }

  //Reingresar hora del reloj si se presiona C
  if (key == ‹C›) {
    lcd.clear();
    lcd.setCursor(0,0);
      // Muestra el mensaje para reingresar la
      // hora en la primera fila
    lcd.print(«Reingrese hora:»);

    delay(2000);
    int Hora = PedirDato(«Hora (0-23) + # « , 0 ,23);
    int Minutos = PedirDato(«Minutos(0-59) +#», 0 ,59);
    rtc.adjust(DateTime(2023, 11, 1, Hora, Minutos, 0));
  }
}

//Controlamos si está o estuvo lloviendo
int sensorValue = analogRead(sensorPin);
if (sensorValue < 500) {// Apagar, está húmedo
   digitalWrite(Electrovalvula, LOW);
}

//Verificamos si se cumplió el horario
//programado para regar
EEPROM.get(2, Veces);
if (Veces>0 && Veces<9){
  for (int i=1; i <= Veces; i++) {
     unsigned long HoraActual = rtc.now().hour() * 60 + rtc.now().minute();
     unsigned long HoraRiego;
     dirMem = 5 + ((i - 1) * 4);

     // Recuperamos el primer valor
     // almacenado de la memoria EEPROM
     EEPROM.get (dirMem, HoraRiego);

     // Verificamos si se cumple la hora de
     // riego programada y almacenada
```

```
        if (HoraActual ==  HoraRiego){
         // Verificamos la humedad del suelo
         // Lee el valor del sensor
        int sensorValue = analogRead(sensorPin);
         if (sensorValue > 500) {
             lcd.clear();
             lcd.setCursor(0,0);
             lcd.print(«Regando...  «);
             // Enciende la electroválvula ya
             // que el suelo está seco
            digitalWrite(Electrovalvula, HIGH);
          } else {
            // Apaga la electroválvula ya que
             // el suelo está húmedo
           digitalWrite(Electrovalvula, LOW);
          }
        }
    }
  }
  //Fin de la comparación

//Rutina para ingreso de información al sistema
int PedirDato(String texto, int minVal, int maxVal) {
  String timeStr = «»;
  int value = 0;
  char key;
  boolean DatoOK=false;
  do {
    lcd.clear();
    lcd.setCursor(0, 0);
    lcd.print(texto);
    lcd.setCursor(0, 1);
    value = 0;

    do {
      key = keypad.getKey();
      if (key >= ‹0› && key <= ‹9›) {
        timeStr += key;
        lcd.print(key);
      }

      if (key == ‹*› && timeStr.length() > 0) {
        timeStr.remove(timeStr.length() - 1);
        lcd.setCursor(timeStr.length(), 1);
```

```
        lcd.print(« »); // Borrar el último dígito en el LCD
        lcd.setCursor(timeStr.length(), 1);
      }
    } while (key != ‹#›);

    value = timeStr.toInt();
    // Verificamos que el valor sea correcto y
    // esté dentro los valores mínimo y máximo
    // requeridos después de presionar '#'
    if (value > maxVal) {
    //Valor incorrecto
      DatoOK=false;
      timeStr = «»;
      lcd.clear();
      lcd.setCursor(0,0);
      lcd.print(«ERROR. REINGRESE»);
      lcd.setCursor(0,1);
      lcd.print(«DATO»);
      delay(2000);
    } else {
    //Valor correcto
      DatoOK=true;
    }
    lcd.clear();    // Borrar display
  }while (!DatoOK); // Reintentar hasta dato OK
  return value;    // Devolver valor ingresado
}

//FIN DEL PROGRAMA
```

4.11 EL CIRCUITO

Por último, se desarrolla el **circuito físico** del robot de riego. Para las primeras pruebas y para verificar que funciona como se desea, es posible recurrir nuevamente a una placa **protoboard**. Una vez que se haya logrado el comportamiento deseado, se pasa a una placa de circuito impreso para montarlo de manera definitiva y darle el uso que se necesita.

En la tabla siguiente, se indica la relación entre pines de la placa Arduino y el resto de componentes o dispositivos. En caso de modificarlas, se deberá modificar el código para que funcione correctamente.

TABLA DE PINES			
Pines Arduino	Dispositivo	Pin dispositivo	Descripción
1			
2			
3			
4			
5	LCD	14	D7
6	LCD	13	D6
7	LCD	12	D5
8	LCD	11	D4
9	TECLADO	4	Pin 4
10	TECLADO	3	Pin 3
11	TECLADO	2	Pin 2
12	TECLADO	1	Pin 1
13			
14	LCD	6	E
15	LCD	4	RS
16	TECLADO	5	Pin 5
17			
18			
19	TECLADO	6	Pin 6
20	**T**ECLADO	7	Pin 7
21	TECLADO	8	Pin 8
22			
23	RTC	3	SDA
24	RTC	4	SCL
25	**SE**NS HUM	1	Pin 1
26	RELÉ	1	Pin 1
27	5V		
28			
29	GND		
30			

4.12 PROBLEMAS Y SOLUCIONES

Como en todo proyecto, es posible encontrar algunas fallas de funcionamiento del sistema al encenderlo por primera vez. Las más comunes son siempre las de conexiones o cableado. Hay que verificar, entonces, cada conexión en detalle antes de encenderlo para evitar falsos contactos o **cortocircuitos**. En general, los falsos contactos solo provocan fallas de operación; en cambio, los cortocircuitos pueden originar daños irreversibles en uno o en todos los componentes del proyecto, obligando a reemplazar la pieza dañada. Los problemas listados a continuación son comunes a los descriptos en el ebook 1 de esta colección y, por lo tanto, algunos se repiten aquí.

- ▶ **Problema**: el sistema enciende y se programa con normalidad. Sin embargo, cuando inicia el riego, se apaga inmediatamente.

- ▶ **Solución**: verifica la ubicación del sensor. Si está ubicado justo en la salida de las tuberías, aspersores, goteros, etcétera, entrará en contacto con el agua apenas se inicie el riego, y se sobrepasará el límite de humedad y se indicará el cese de riego.

- ▶ **Problema**: el sistema pierde la hora si se desconecta la energía.

- ▶ **Solución**: primero debes verificar que la pila o la batería se encuentre correctamente colocada dado que su forma, a veces, permite que esta se pueda colocar de manera incorrecta. Verifica las indicaciones de la placa adquirida. En general, se colocan con la inscripción en bajorrelieve para indicar que el positivo debe ir hacia arriba. Como segunda opción, comprueba que se encuentre con carga. Si la falla persiste, es posible que se haya dañado el RTC.

- ▶ **Problema**: el sistema enciende, pero no se observa nada en el display.

- ▶ **Solución**: primero verifica que las conexiones estén correctamente realizadas. Comprueba que los cables de alimentación no se encuentren invertidos. Luego verifica si el backlight se encuentra bien conectado y si está encendida la pantalla con su luz de fondo. Luego, chequea que el potenciómetro de 10KΩ se encuentre en la posición central y, con movimientos suaves hacia ambos lados, busca la mejor posición de contraste. Este potenciómetro permite ajustar el contraste y la visibilidad para una mejor experiencia de uso o personalización de la pantalla, pero, si se encuentra en máximo o mínimo, es posible que el display no se pueda leer fácilmente.

▶ **Problema**: el sistema enciende y se programa con normalidad. Sin embargo, cuando inicia el riego, no se activa la electroválvula y, por ende, el sistema no riega.

▶ **Solución**: verifica las conexiones del módulo relé. Comprueba que no haya falso contacto entre este y la placa Arduino, y que no se haya invertido la polaridad de la alimentación de la placa. Por último, revisa que la tensión de alimentación de la electroválvula esté acorde con sus especificaciones. Una electroválvula de tensión alterna no funcionará en tensión continua, y viceversa. También chequea que el voltaje aplicado se corresponde con las necesidades de la válvula.

▶ **Problema**: el sistema está correctamente cableado y las tensiones se han medido y son correctas. Sin embargo, a pesar de que el suelo está seco, no se activa la electroválvula y, por ende, el robot no riega.

▶ **Solución**: si las conexiones son correctas, pero aun así el sistema no riega, es posible que el valor umbral dispuesto no sea el correcto. Dado que la medición depende de muchos factores ambientales, puede ser que el valor inicial de prueba (500) sea demasiado elevado para el tipo de suelo que se mide. Realiza pruebas mojando el suelo y midiendo con el sensor esa humedad para buscar si se adapta a las necesidades de la planta o a la humedad deseada. Luego, modifica el código sobre la base de los valores observados y verifica el funcionamiento esperado.

4.13 ACTIVIDADES

A continuación se presentan las preguntas y los ejercicios que deberías saber responder y resolver para considerar aprendido el capítulo.

4.13.1 Test de autoevaluación

1. *¿Por qué varía la medición del sensor de humedad?*

2. *¿Cómo se realiza la medición de humedad del suelo?*

3. *¿Por qué se usan solo cuatro pines de datos en un display LCD?*

4. *¿Se puede cambiar la respuesta del teclado a un valor que no tiene impreso en el frente? ¿Cómo?*

5. *¿Cómo es posible provocar que el riego se detenga solo en caso de inundación de la superficie controlada?*

4.13.2 Ejercicios prácticos

1. *Analiza cómo se podría implementar este sistema de riego con una bomba de agua en reemplazo de la electroválvula.*

2. *Coloca una advertencia lumínica en caso de que se inicie el riego.*

3. *Coloca una advertencia lumínica o sonora en caso de que se requiera riego, pero aún no se haya alcanzado algún horario programado.*

4. *Agrega un botón para riego manual que fuerce el riego aun con suelo húmedo.*

5. *Agrega un botón de parada de emergencia para detener el riego aun con suelo seco.*

5

CERRADURA ELECTRÓNICA CON ARDUINO

El segundo proyecto consiste en un sistema de seguridad: una cerradura electrónica basada en Arduino Nano, con un código programable y que dispone de millones de combinaciones posibles.

5.1 DESCRIPCIÓN

Como siempre, el sistema se desarrolla sobre la base de la placa Arduino Nano ya que posee sobradas características para realizar el proyecto. Sin embargo, se puede reemplazar por cualquier modelo de la familia Arduino que esté disponible o que sea del gusto del lector.

El término **cerradura electrónica** se refiere a un sistema de bloqueo (de seguridad) que utiliza componentes electrónicos en lugar de una llave mecánica tradicional para bloquear o desbloquear una puerta, caja fuerte u otro dispositivo similar.

Las cerraduras electrónicas pueden utilizar diferentes métodos para proporcionar acceso, como:

- ⚑ **Código numérico o combinación**: se ingresa un código en un teclado numérico o dispositivo similar para bloquear o desbloquear la cerradura.

- ⚑ **Tarjetas RFID o NFC**: el acceso se otorga al acercar una tarjeta o etiqueta con tecnología RFID (identificación por radiofrecuencia) o NFC (comunicación de campo cercano) a un lector.

▶ **Cerraduras magnéticas**: estas cerraduras se desbloquean mediante un campo magnético generado por un electroimán. Son robustas y se utilizan comúnmente en puertas de acceso principal.

▶ **Biometría**: la cerradura puede utilizar huellas dactilares, escaneo de iris, reconocimiento facial o voz para autorizar el acceso.

▶ **Control remoto**: algunas cerraduras electrónicas pueden ser controladas a distancia mediante una aplicación móvil o dispositivos conectados a internet.

▶ **Cerraduras Wi-Fi**: permiten el control remoto a través de una conexión Wi-Fi, lo que brinda la capacidad de administrar la cerradura a distancia mediante una aplicación.

Cada tipo de cerradura electrónica tiene sus propias ventajas y desventajas, y su elección depende de las necesidades específicas de seguridad, acceso y conveniencia del usuario. Estos sistemas proporcionan mayor flexibilidad y niveles de seguridad adicionales en comparación con las cerraduras mecánicas tradicionales. Permiten una gestión más sofisticada de accesos, auditorías de registro, restricciones temporales de acceso, etcétera.

Además, pueden integrarse fácilmente en sistemas de automatización del hogar o la oficina. También pueden conectarse a sistemas de redes informáticas para determinar y registrar el acceso de distintos usuarios, los horarios de cada acceso, los intentos incorrectos, y más.

El proyecto que se presenta en este capítulo se basará en un sistema de cerradura con código numérico.

Contará con un código programable de seis dígitos que permite tener un máximo de 7.529.536 combinaciones posibles, o lo que es lo mismo, una probabilidad de acertar el código por azar de 0,000013 %. Esto es así porque el teclado dispone de 14 caracteres posibles para elegir para la clave. Se evitarán las teclas * y #. Esto se hace para disponer del * para alguna función especial de ser necesario, y el # para poder usarla como **Entrar** o **Enter**.

5.2 COMPONENTES NECESARIOS

El proyecto que se desarrolla funciona a partir del uso de una placa Arduino Nano, un teclado matricial de 4x4, un display LCD 16x2, un módulo relé y una cerradura eléctrica.

Puedes encontrar una descripción de los componentes Arduino Nano, teclado y display, así como algunas características de su funcionamiento, en capítulo 1 de este ebook.

5.3 CERRADURA ELÉCTRICA

Una **cerradura eléctrica** es un elemento muy popular en el ámbito de la seguridad. Está diseñada para proporcionar un mecanismo de bloqueo seguro y puede operarse o controlarse eléctricamente.

Estas cerraduras, como otros tipos de cerraduras electrónicas, ofrecen ventajas, como la capacidad de ser controladas a distancia, la integración con sistemas de automatización y la gestión de accesos a través de métodos como códigos numéricos, tarjetas RFID, aplicaciones móviles, entre otros.

Por lo general, se utilizan en aplicaciones que requieren un mayor nivel de seguridad y control de acceso, como edificios corporativos, hospitales, hoteles u otros. Es importante revisar las especificaciones y detalles proporcionados por el fabricante para obtener información más minuciosa sobre el funcionamiento y las características propias de este tipo de cerradura, de manera que se utilice la más adecuada a las necesidades de cada proyecto.

Para este caso en particular, se utilizará una cerradura de las denominadas de **pestillo electrónico**, ya que son muy comunes y fáciles de adquirir.

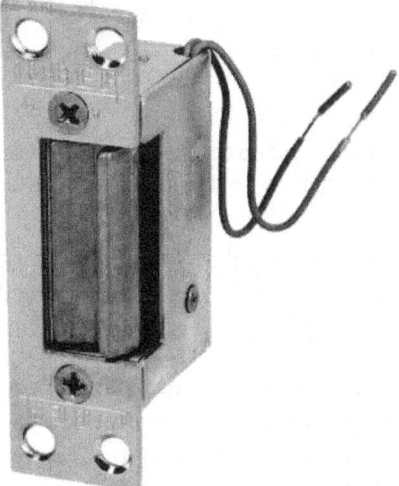

Figura 5.1. Cerradura eléctrica del tipo pestillo electrónico. Su funcionamiento se basa en la liberación de la traba cuando se hace circular una corriente determinada por su bobina interna, que permite que se libere el pestillo de la cerradura.

5.4 FUNCIONAMIENTO

El proyecto que se propone aquí consiste en un sistema de control basado en una placa Arduino Nano. El usuario podrá programar una clave de seis dígitos a través del teclado para habilitar mediante el módulo relé el accionamiento de la cerradura electrónica. La clave podrá ser modificada las veces que sea necesario y sin necesidad de reprogramar la placa Nano. Para tal efecto, se dispondrá de una clave maestra que permitirá modificar la clave de apertura. Dicha clave maestra podrá ser programada en el momento de subir el sketch a la placa y no podrá ser utilizada para activar la cerradura.

Figura 5.2. Módulo relé típico. El modelo de la imagen dispone de leds para indicar si se encuentra activo o no. En algunos proyectos, esa característica puede ser necesaria.

La clave de apertura se guardará en la memoria EEPROM de la placa Arduino para que no se deba reingresar cada vez que suceda un corte de energía del sistema y para que pueda ser modificada según las necesidades del proyecto.

Cuando el usuario ingrese la clave de apertura programada, se habilitará el módulo relé, que energizará la cerradura durante unos segundos, tiempo suficiente para que se pueda abrir la puerta o se permita acceder al contenido o espacio protegido. Utiliza el símbolo # para que funcione como tecla **Entrar** o **Enter**.

En caso de ingresar un código incorrecto, el sistema simplemente no realizará ninguna acción, impidiendo al intruso entender que el código es incorrecto.

En las imágenes siguientes se muestran el display LCD, su **pinout** y conexión típica como se explicó en el capítulo 1.

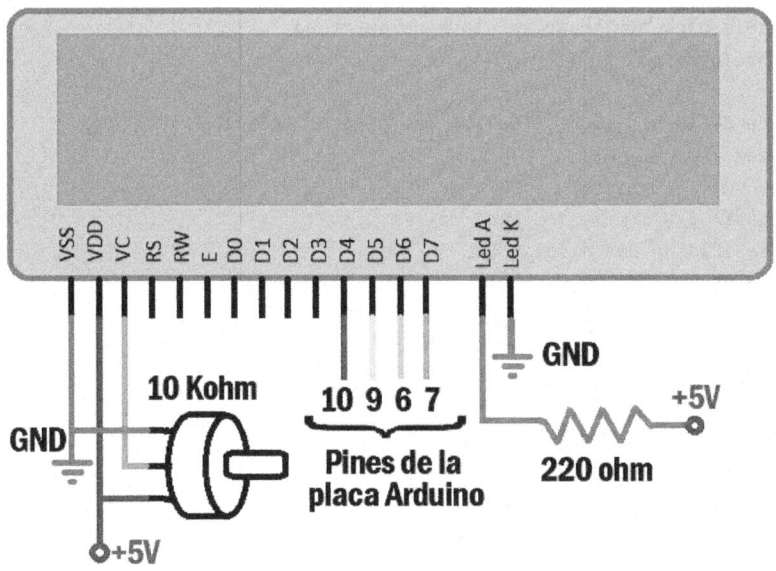

Figura 5.3. Conexión del display LCD con su potenciómetro para controlar el contraste y la resistencia para el backlight.

5.5 EL CÓDIGO

A continuación, se desarrolla el software necesario.

La configuración inicial y declaración de variables, librerías y pines es la misma que se utilizó en el capítulo 1, así que se puede copiar directamente.

Para definir la clave maestra, debes indicarla en el código. Puede ser cualquier combinación de teclas de **0** a **9** y de **A** a **D**, por ejemplo podrías elegir: **C07A22**.

Esta clave no necesita ser guardada en la EEPROM ya que no se modificará a menos que se cambie el código (sketch) de la placa. En cambio, la clave de apertura puede ser modificada por el usuario que conozca la clave maestra y, por lo tanto, es modificable, así que debes utilizar la EEPROM para almacenarla cada vez que la modifiques.

Este es el código necesario para solicitar la clave de apertura. Una vez que se ingresan los seis dígitos y se presiona #, se realiza la comparación y hay, lógicamente, dos resultados posibles: clave correcta o clave incorrecta.

```
// Variable para almacenar la clave de apertura
char ClaveIngresada [7];

// Índice de la posición actual de los dígitos
byte index = 0;

void setup() {
// Inicialización del display LCD
  lcd.begin(16, 2);
  lcd.print(«Ingrese clave:»);
}

void loop() {
  char key = keypad.getKey();
  if (key != NO_KEY) {
    if (key != ‹#›) {   //Si no es ENTER
      ClaveIngresada [index++] = key;
      lcd.setCursor(index - 1, 1);
      lcd.print(‹*›);  // Ocultar carácter

    } else {        // Se presionó la tecla Enter

      // Completar el código con ceros a la
      // izquierda si se presionó «Enter» antes
      // de ingresar los 6 dígitos
      if (index < 6) {
        int j = index-1;
        for (int i=5; i>0; i--){
            ClaveIngresada[i] = ClaveIngresada[j--];
        }
        // Agregar terminador nulo
        ClaveIngresada[6] = ‘\0’;
        for (int i=0; i<6-index; i++){
            ClaveIngresada[i]=’0’;
        }
      }
      if (strcmp(ClaveIngresada, Clave) == 0)
          {       // Clave Correcta
          } else {
              // Clave Incorrecta
          }
```

```
    // Establecer el índice en 0 y agregar
    // terminador nulo para poder ingresar
    // una nueva clave
    index = 0;
    ClaveIngresada[0]= '\0';
    }
  }
 }
}
```

Como se puede inferir, la instrucción:

```
strcmp(ClaveIngresada, Clave)
```

realiza una comparación entre la clave que acaba de ser ingresada por el teclado y la variable **Clave** que se debe obtener de la memoria EEPROM. La función **strcmp** devuelve un valor que indica si las cadenas son iguales, menores o mayores en orden lexicográfico. Si son iguales, devuelve el valor **0**, que es el único que interesa en esta ocasión.

Ahora observa esta parte del código:

```
    // Verificar si son menos de 6 dígitos
    if (index < 6) {

  // Declaramos una variable de trabajo
    int j = index-1;

        // Desplazar los caracteres hacia la
        // parte derecha del array

    for (int i=5; i>0; i—){
        ClaveIngresada[i] = ClaveIngresada[j—];
    }

    // Rellenar con ceros el principio del
    // array hasta completar los 6 dígitos
    for (int i=0; i<6-index; i++){
        ClaveIngresada[i]='0';
    }
    }
```

Lo primero que haces es comprobar si el usuario ingresó menos de seis dígitos (esto sucede si index es menor que 6).

Si el usuario ingresó menos de seis dígitos, se ejecutan un par de bucles **for** para completar con ceros la parte izquierda de la clave que no ha sido ingresada.

En el primer bucle **for**, se copian los dígitos ya ingresados de su posición original a una posición posterior, desplazándolos hacia la derecha, de manera tal que quede libre el principio del array, y los dígitos ingresados ocupen las posiciones finales.

En el segundo bucle **for**, se rellena el principio (las posiciones libres) del array **ClaveIngresada** con caracteres **0** hasta llegar al primer carácter desplazado por el primer bucle.

En resumen, este bloque de código asegura que la clave ingresada tenga una longitud de seis caracteres, agregando ceros al principio en caso de que el usuario presione **ENTER** antes de ingresar los seis dígitos requeridos como clave de apertura.

Imagina, por ejemplo, que el usuario ingresa la clave:

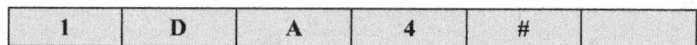

| 1 | D | A | 4 | # | |

dejando, como se observa, las dos posiciones finales en blanco ya que el **Enter** no se almacena. El usuario podría suponer que eso es equivalente a esto:

| 0 | 0 | 1 | D | A | 4 |

O también podría ingresar una u otra forma suponiendo que es lo mismo. Sin embargo, el código toma el primer valor que se ingrese cuando se configura la clave y, luego, almacena en la EEPROM dicho valor. Es decir, para el sistema no son iguales. Y como no son iguales, no pueden utilizarse indistintamente.

Los bucles **for** explicados resuelven el problema convirtiendo esto:

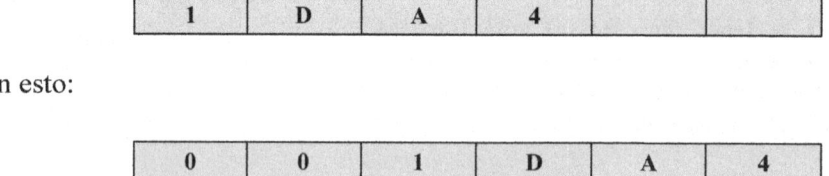

| 1 | D | A | 4 | | |

en esto:

| 0 | 0 | 1 | D | A | 4 |

A los fines del usuario, cuando ingrese cualquiera de las dos posibilidades (con o sin ceros delante de su clave), el sistema almacenará y comparará el segundo valor, el de seis dígitos.

En este punto es importante aclarar que, si no quieres esa funcionalidad o característica de funcionamiento, simplemente elimina ese bloque de código.

Otra característica importante que se observa es que el display no muestra nunca el valor de la tecla presionada, y lo reemplaza por *:

```
lcd.print('*'); // Ocultar caracter presionado
```

Como se puede observar, el código es muy simple. Y, también, en caso de querer quitar esta funcionalidad, basta con eliminarla o reemplazarla. Para cambiarla de manera que se exhiba el caracter ingresado, se debe modificar la instrucción sustituyendo el asterisco por la variable que tiene el valor de la tecla presionada, es decir **key**:

```
lcd.print('key'); // Exhibir caracter presionado
```

Por lo tanto, también podrías mostrar cualquier carácter en vez del asterisco o la tecla presionada. Basta con indicar el número, letra o símbolo.

Volviendo a las claves, el software propuesto no está discriminando si se ingresa la clave maestra o la clave de apertura. La clave maestra es la que permite grabar una nueva clave de apertura. Y la clave de apertura es obviamente la que provoca que se destrabe la cerradura.

Modifica, entonces, la lógica planteada para que se ajuste a las dos situaciones posibles cuando la clave sea válida:

1. La primera posibilidad es que la clave ingresada por el usuario sea igual a la clave maestra.

2. La segunda es que la clave sea la que se utiliza para la apertura o accionamiento de la cerradura.

Por lo tanto, es necesario hacer una doble comparación. Utiliza una función de manera que el pedido de la clave se realice sin repetir código. Esto hará que el código sea más simple de interpretar y modificar/evolucionar según las necesidades.

Observa la función **obtenerClave**.

```
// Función para solicitar el ingreso de la clave
void obtenerClave(char *ClaveIngresada) {
 char key;
 index=0;
 while (true) {
  char key = keypad.getKey();
```

```
if (key != NO_KEY) {
  if (key != '#') {    //Si no es ENTER
    ClaveIngresada [index++] = key;
    lcd.setCursor(index - 1, 1);
    lcd.print(key);  // Ocultar carácter
  } else {    // Se presionó la tecla Enter

      // Verificar longitud de la clave y
      // completar el código con ceros a la
      // izquierda si se presionó "Enter" antes
      // de ingresar los 6 dígitos
      if (index < 6) {
          int j = index-1;
          for (int i=5; i>0; i--){
              ClaveIngresada[i] = ClaveIngresada[j--];
          }
          for (int i=0; i<6-index; i++){
              ClaveIngresada[i]='0';
          }
      }

      // Agregar terminador nulo para enviar
      // solo 6 caracteres y evitar errores
      // de comparación
      ClaveIngresada[6]='\0';
      // Devolver valor ingresado y verificado
      return ClaveIngresada;
    }
  }
}
}
```

Esta función devuelve el valor ingresado, es decir, una cadena de caracteres que se utilizará para hacer la comparación y determinar si es un código válido, por ejemplo:

```
void loop() {

//Pedir ingreso de clave
  obtenerClave(ClaveIngresada);

//Comparar la clave ingresada
  if (strcmp(ClaveIngresada, ClaveMaestra) == 0)
    {  // Clave Correcta
        // ...código correspondiente aquí...
    } else {
```

```
                // Clave Incorrecta
                // ...código correspondiente aquí...
    }
//Comparar la clave ingresada
    if (strcmp(ClaveIngresada, ClaveEEPROM) == 0)
        {   // Clave Correcta
            // ...código correspondiente aquí...
        } else {
            // Clave Incorrecta
            // ...código correspondiente aquí...
        }
    }
}
//FIN DEL PROGRAMA
```

Escribe ahora el código para la clave maestra.

Este bloque de código será el encargado de solicitar al usuario que ingrese la clave que se utilizará para la apertura y, luego, la grabará en la EEPROM de la placa.

Una **memoria EEPROM** es un tipo de memoria no volátil que se utiliza en dispositivos electrónicos para almacenar datos de manera permanente y reescribirlos eléctricamente. Se diferencia de otros tipos de memoria (como **RAM** o **ROM**) porque permite escribir y borrar datos de manera individual, y conserva la información, incluso cuando se pierde la alimentación eléctrica.

Las placas Arduino garantizan unos 100.000 ciclos de escritura en la EEPROM (aunque esto puede variar según se trate de placas originales o genéricas). De cualquier manera, 100.000 ciclos implicarían casi 274 años si se escribiera en la memoria una vez por día. Para poder acceder a la memoria EEPROM de la placa Arduino Nano, puedes utilizar la librería disponible en el IDE, que proporciona funciones para leer y escribir datos en la memoria.

Incluir la librería es simple como siempre:

```
#include <EEPROM.h>
```

Mientras que para leer y escribir en la memoria se utilizan las funciones **put** y **get**:

```
// La función put se utiliza para escribir en la
// memoria EEPROM
EEPROM.put(dirMEM, valorAescribir);

// La función get se utiliza para leer la
// memoria EEPROM
EEPROM.get(dirMEM, valorLeido);
```

donde **dirMEM** es una variable o una constante que contiene la dirección de la memoria en la que escribirás o de la que tomarás información.

La memoria EEPROM de una placa Arduino Nano tiene un tamaño o espacio de almacenamiento de 1024 bytes. Para el código propuesto, se utilizará una clave de seis dígitos, es decir de 6 bytes de tamaño. Como se puede apreciar, hay espacio de sobra en la memoria.Ya tienes el procedimiento para requerir la clave, sabes qué debes comparar y que la información se debe obtener de la EEPROM. Entonces, observa ahora el código correspondiente para la clave de apertura o clave almacenada en la memoria:

```
#include <EEPROM.h>

// Variable para almacenar la clave de apertura
char ClaveEEPROM [7];

void setup {
//Obtener de la posición 0 de la memoria EEPROM
//el valor de clave de apertura almacenada por
//el usuario y grabarla en la variable
//denominada ClaveEEPROM
  EEPROM.get(0, ClaveEEPROM);
}

void loop {
//Pedir clave al usuario
  obtenerClave(ClaveIngresada);

//Comparación de claves
  if (strcmp(ClaveIngresada, ClaveEEPROM) == 0)
    {  // Clave Correcta
       // …código correspondiente aquí…
    } else {
       // Clave Incorrecta
       // …código correspondiente aquí…
    }
}
//FIN DEL PROGRAMA
```

Es decir que, con solo dos instrucciones, es posible recuperar la clave de la memoria y compararla para saber si es correcta o no.

Si la clave es incorrecta, puedes presentar mensajes de error o alertas de código incorrecto, etcétera. Una medida de seguridad, aunque parezca increíble, es no decir nada. Cuanto menos información se provea a un posible intruso, menos posibilidades tendrá de detectar o descifrar la clave. Esta estrategia evita brindar información sobre las vulnerabilidades en un sistema de seguridad y se denomina **principio de mínima información**.

Un ejercicio divertido de realizar es probar el código sin esconder el carácter ingresado. Modifica el código en la línea siguiente reemplazando el asterisco por **key** y prueba el funcionamiento.

```
lcd.print('*'); // Ocultar caracter presionado
```

Observa cómo el sistema pareciera hacer caso omiso de lo que se ingresa cuando reescribe el asterisco, aunque en realidad está operando sin decir que la clave es incorrecta, y solo reinicia cuando se presiona #.

En el contexto de la seguridad de contraseñas o claves, no dar pistas significa no revelar información sobre la fortaleza de la contraseña, como la longitud exacta, la existencia de caracteres especiales o el tipo de errores que se cometen al ingresar la clave. Esta práctica dificulta el proceso de ataque por métodos de ingeniería social, por ejemplo, ya que el atacante no dispone de información útil para reducir el espacio de búsqueda o intentar métodos más efectivos de ataque. Se debe considerar que, si la clave es incorrecta, el display mantendrá la información (ya sea la tecla presionada o el asterisco) visible en la pantalla. Borrarla implicaría informar que esa es la cantidad de caracteres que se espera y que, por supuesto, es incorrecta. Por lo tanto, si se ingresa una clave incorrecta, no vas a borrarla y permanecerá visible en el display hasta que se ingrese la clave correcta. Esto no solo podría provocar la confusión del intruso, sino que también se utilizaría como advertencia para informar a los verdaderos usuarios que hubo, al menos, un intento de ingreso no autorizado.

Luego, y cada vez que se ingrese el código correcto, la pantalla se borrará dejando el sistema en espera. Es decir que, si hubo intentos de acceso no autorizados, al ingresar la clave correcta se borrarán de la pantalla ya que se puede suponer que el usuario válido ahora se encuentra en conocimiento del intento incorrecto.

Volviendo al código, si la clave ingresada es la clave maestra, debes permitir al usuario que ingrese la nueva clave de apertura y, por seguridad y para evitar errores, solicita que sea ingresada dos veces.

```
//Comparación de claves
   if (strcmp(ClaveIngresada,ClaveMaestra) == 0){
      lcd.clear();
      lcd.setCursor(0,0);
```

```
lcd.print("Ingrese clave:");
delay(2000);
  //Pedir ingreso de clave
  obtenerClave(ClaveNueva);
lcd.clear();
   lcd.setCursor(0,0);
lcd.print("Reingrese clave:");
delay(2000);
  //Pedir reingreso de clave
  obtenerClave(ClaveReingresada);

  //Verificar que la clave coincide para
//evitar errores de ingreso del usuario
if (strcmp(ClaveNueva, ClaveReingresada) == 0){
    // Las claves ingresadas son iguales
    // grabar en la dirección de memoria 0
    // el nuevo valor ingresado
    EEPROM.put (0,ClaveNueva);
} else {
    // Clave Incorrecta
    // ...código correspondiente aquí...
}
```

Para completar el código, solo resta definir el accionamiento de la cerradura y, para ello, basta con activar el módulo relé.

Ahora se explica, en forma resumida, por qué se utiliza dicho módulo y cómo funciona. Un **módulo relé** es un dispositivo que actúa como un interruptor controlado eléctricamente, permitiendo el manejo de circuitos de alta potencia o corriente por medio de señales de control de baja potencia, como las que pueden ser proporcionadas por un microcontrolador Arduino.

Se compone de una bobina, un electroimán y uno o varios contactos conmutados. Cuando se aplica una corriente a la bobina del relé, crea un campo electromagnético que activa el electroimán, lo que cambia la posición de los contactos y cierra o abre el circuito eléctrico en el que está conectado.

Estos módulos son útiles para controlar dispositivos de alto voltaje o corriente, como luces, motores, electrodomésticos, entre otros, a través de un microcontrolador como Arduino u otros. Se usan en diferentes aplicaciones: domótica, automatización del hogar, control de sistemas de seguridad, sistemas de riego, control de motores, etcétera, permitiendo la activación o desactivación remota o automatizada de dispositivos eléctricos.

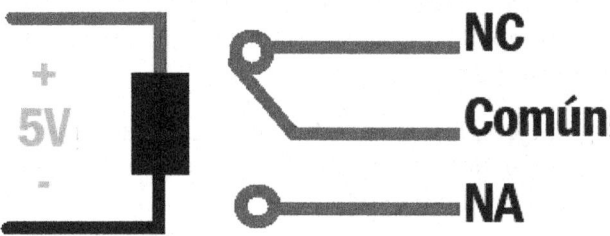

Figura 5.4. Como se observa, el relé posee dos sectores totalmente aislados entre sí. Del lado de control, solo se encuentran los pines + y – para la tensión de control que dependerá del módulo elegido (pudiendo ser de 5, 6, 9, 12V, etcétera). Del lado de potencia, están los contactos: común (donde ingresa la tensión de control de la cerradura, 220V en este caso), NC (normal cerrado) y NA (normal abierto).

Entonces, para controlar el módulo relé, solo se necesita aplicar una tensión en la bobina de control y se activará el lado de potencia llevando la conexión del pin común al contacto NA (normal abierto).

El esquema de conexión de la cerradura eléctrica y el módulo relé es:

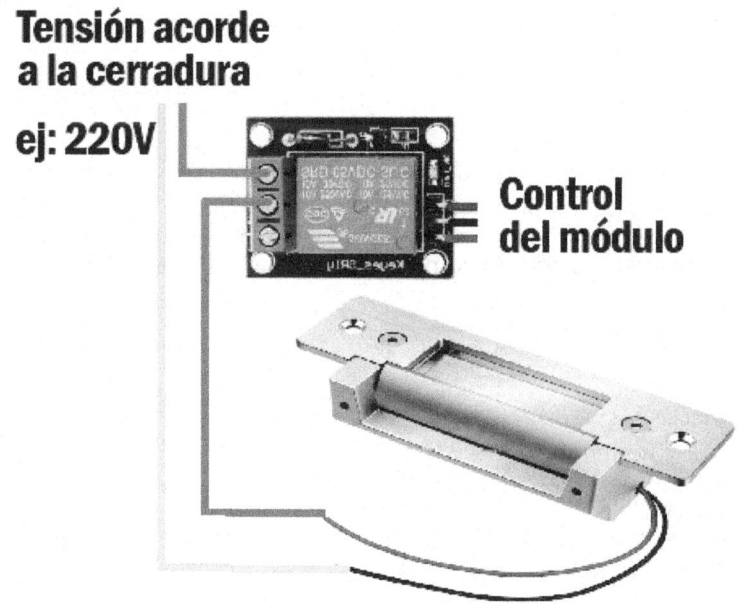

Figura 5.5. La conexión entre el módulo relé y la cerradura es muy simple y no tiene mayores dificultades. Solo se debe tener extremo cuidado y precaución en la conexión si se utilizan 220V. Si no te sientes seguro para trabajar con esta tensión, es preferible dejarle la tarea a un técnico electricista matriculado.

Puedes preguntarte ahora cómo se controla desde el software el módulo relé. Y la respuesta es muy simple: basta con poner a nivel alto o uno lógico cualquiera de los pines de la placa Arduino.

Configura, por ejemplo, el pin **D10** de la placa y, luego, activa unos segundos y nada más. El código siguiente enciende y apaga durante dos segundos el pin **10** activando y desactivando el módulo relé:

```
const int pinCerradura = 10;

void setup() {
    pinMode (pinCerradura, OUTPUT);
}

void loop() {
    //Encender el módulo relé
    digitalWrite (pinCerradura, HIGH);
    //Esperar 2 segundos
    delay(2000);
    //Apagar el módulo relé
    digitalWrite (pinCerradura, LOW);
    //Esperar 2 segundos
    delay(2000);
}
//FIN DE PROGRAMA
```

Esto activa la cerradura durante dos segundos. Obviamente, el tiempo se puede modificar y adecuar a las necesidades del proyecto.

A continuación, el código completo y listo para subir a la placa Arduino:

```
//Declaración de librerías necesarias
#include <EEPROM.h>
#include <Keypad.h>
#include <LiquidCrystal.h>

// Variable para almacenar la clave de apertura
char ClaveEEPROM [7];
// Definir pin de conexión del módulo relé
const int pinCerradura = 10;
// Variable para almacenar la clave de apertura
char ClaveIngresada [7];
// Índice de la posición actual de los dígitos
byte index = 0;
// Clave de super usuario para poder modificar
// la clave de apertura
```

```
char ClaveMaestra[7]= "C07A22";

// Número de filas del teclado
const byte ROWS = 4;
// Número de columnas del teclado
const byte COLS = 4;

char keys[ROWS][COLS] = {
  {'1', '2', '3', 'A'},
  {'4', '5', '6', 'B'},
  {'7', '8', '9', 'C'},
  {'*', '0', '#', 'D'}
};

// Pines conectados a las filas
byte rowPins[ROWS] = {9, 8, 7, 6};
// Pines conectados a las columnas
byte colPins[COLS] = {13, A0, A1, A2};

//Declarar el objeto teclado y sus pines
Keypad keypad = Keypad(makeKeymap(keys), rowPins, colPins, ROWS, COLS);

//Declarar el objeto LCD y sus pines
//Pines RS, E, D4, D5, D6, D7
LiquidCrystal lcd (12, 11, 5, 4, 3, 2);

void setup() {
//Declarar al pin del módulo como salida
  pinMode (pinCerradura, OUTPUT);
//Inicializar LCD
  lcd.begin(16,2);
}

void loop() {
//Pedir clave al usuario
  lcd.setCursor(0, 0);
  lcd.print("Ingrese clave:");
  // Borrar la variable para recibir el
  // valor ingresado
  ClaveIngresada[0]='\0';
  // Solicitar la clave
  obtenerClave(ClaveIngresada);
  //Obtener de la posición 0 de la memoria
  //EEPROM el valor de clave de apertura
  //almacenada
  EEPROM.get(0, ClaveEEPROM);
```

```
    //Comparación de ingreso con clave de apertura
    if (strcmp(ClaveIngresada, ClaveEEPROM) == 0)
        {   // Clave Correcta
            //Encender el módulo relé
            digitalWrite (pinCerradura, HIGH);
            lcd.clear();
            lcd.setCursor(0, 0);
            lcd.print("Acceso concedido");
            //Esperar 2 segundos
            delay(2000);
            //Apagar el módulo relé
            digitalWrite (pinCerradura, LOW);
            //Esperar 2 segundos
            delay(2000);
            lcd.clear();
    } else {
            // Clave Incorrecta
            // No hacemos nada, ninguna indicación
    }

//Comparación de ingreso con clave maestra
    if (strcmp(ClaveIngresada,ClaveMaestra) == 0){
        char ClaveNueva [7];
        char ClaveReingresada [7];
        lcd.clear();
        lcd.setCursor(0,0);
        lcd.print("Clave Nueva?:");
        delay(1000);
        //Pedir clave
        obtenerClave(ClaveNueva);
        lcd.clear();
        lcd.setCursor(0,0);
        lcd.print("Reingrese clave:");
        obtenerClave(ClaveReingresada);
        //Verificar que la clave coincide para
        //evitar errores de ingreso del usuario
        if (strcmp(ClaveNueva, ClaveReingresada) == 0){
            // Las claves ingresadas son iguales
            // grabar en la dirección de memoria 0
            // el nuevo valor ingresado
            EEPROM.put (0,ClaveNueva);
            lcd.clear();
            lcd.setCursor(0,0);
        } else {
            // Clave Incorrecta
            lcd.clear();
```

```
            lcd.setCursor(0,0);
            lcd.print("No coinciden!");
            delay(2000);
            lcd.clear();
        }
    }
}


// Función para solicitar el ingreso de la clave
void obtenerClave(char *ClaveIngresada) {
 char key;
 index=0;
 while (true) {
  char key = keypad.getKey();
  if (key != NO_KEY) {
    if (key != '#') {   //Si no es ENTER
      ClaveIngresada [index++] = key;
      lcd.setCursor(index - 1, 1);
      lcd.print("*");  // Ocultar carácter
    } else {   // Se presionó la tecla Enter
            // Verificar longitud de la clave y
       // completar el código con ceros a la
       // izquierda si se presionó "Enter" antes
       // de ingresar los 6 dígitos
       if (index < 6) {
           int j = index-1;
           for (int i=5; i>0; i--){
               ClaveIngresada[i] = ClaveIngresada[j--];
           }
           for (int i=0; i<6-index; i++){
               ClaveIngresada[i]='0';
           }
       }

       // Agregar terminador nulo para enviar
       // solo 6 caracteres.
       ClaveIngresada[6]='\0';
       // Devolver valor ingresado y verificado
       return ClaveIngresada;
      }
    }
  }
}
//FIN DEL PROGRAMA
```

5.6 EL CIRCUITO

El circuito completo se muestra en el esquema siguiente. Se puede observar que las conexiones son típicas y no presentan dificultad. El circuito se puede montar en una placa protoboard para realizar las pruebas y, una vez logrado el funcionamiento deseado, se puede trasladar a una placa de circuito impreso para su montaje definitivo.

También es posible apreciar que, dada la escasa cantidad de dispositivos necesarios, el tamaño final puede permitir ubicar el circuito en espacios reducidos.

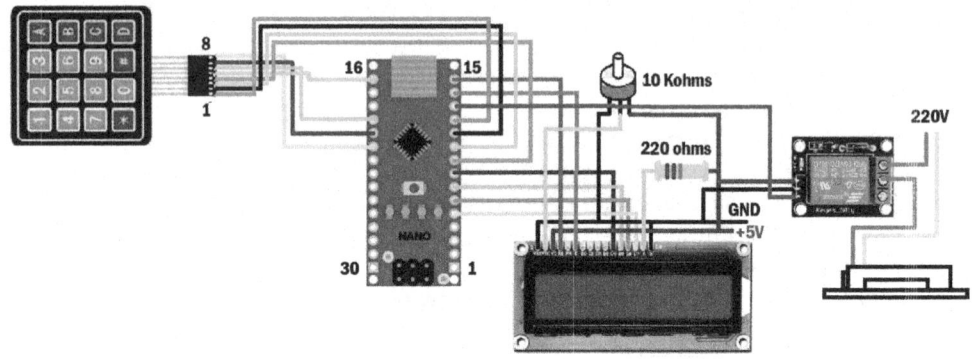

Figura 5.6. Esquema de conexiones de cada componente del proyecto. La conexión de 220V propuesta se debe realizar con suma precaución para evitar accidentes y daños personales con consecuencias posiblemente mortales.

Como sabemos, el potenciómetro de ajuste del contraste puede reemplazarse por una resistencia fija con un valor acorde con la necesidad del usuario. Este valor se puede obtener experimentalmente: ajusta el potenciómetro en la posición que te permita una buena experiencia de uso del display, es decir, una posición tal que la pantalla se pueda leer de manera cómoda. Retira el potenciómetro y realiza la medición de la resistencia resultante de acuerdo a la posición elegida del cursor. Luego, reemplaza el potenciómetro por una resistencia con el valor estándar más próximo. Por ejemplo: imagina que la medición de la posición elegida en el potenciómetro es de 5,2KΩ. El valor de resistencia estándar más próximo es 5,6KΩ, por lo tanto, puedes reemplazar el potenciómetro por una resistencia de dicho valor y reducir aún más el tamaño final del proyecto.

En la tabla siguiente, se indica la relación entre pines de la placa Arduino y el resto de componentes o dispositivos. En caso de modificarlas, deberás modificar también el código para que funcione correctamente.

TABLA DE PINES				
Pin Arduino	Descrip.pin	Dispositivo	Pin dispositivo	Descripción
1				
2				
3				
4				
5	D2	LCD	14	D7
6	D3	LCD	13	D6
7	D4	LCD	12	D5
8	D5	LCD	11	D4
9	D6	TECLADO	4	Pin 4
10	D7	TECLADO	3	Pin 3
11	D8	TECLADO	2	Pin 2
12	D9	TECLADO	1	Pin 1
13	D10	MOD. RELÉ	3	IN
14	D11	LCD	6	E
15	D12	LCD	4	RS
16	D13	TECLADO	5	Pin 5
17				
18				
19	A0	TECLADO	6	Pin 6
20	A1	TECLADO	7	Pin 7
21	A2	TECLADO	8	Pin 8
22				
23				
24				
25				
26				
27	5V	5V		
28				
29	GND	GND		
30				

5.7 ADVERTENCIAS Y CONSIDERACIONES

Este proyecto se presenta solamente con fines educativos y recreativos. Debido a la naturaleza del proyecto y su baja complejidad, no puede considerarse un sistema inviolable o con protección total contra hackeos u otras vulnerabilidades.

A modo de ejemplo, considera que el puerto USB de acceso y programación de la placa Arduino está disponible y fácilmente accesible y, por lo tanto, cambiar, modificar o reemplazar el código podría anular el sistema o ajustarlo a las necesidades del intruso. Si bien esto se puede solucionar instalando el circuito en un lugar alejado, resguardado o que imposibilite el acceso a la placa, es una consideración que se debe tener en cuenta.

Un sistema de seguridad basado en Arduino Nano podría ser más vulnerable a ataques cibernéticos o de fuerza bruta. Un **ataque de fuerza bruta** es aquel que inicia los intentos de acceso con 000000, luego 000001 y así sucesivamente hasta alcanzar todas las combinaciones posibles, llegando a DDDDDD por supuesto.

De acuerdo con el código propuesto, elegir claves de menos de seis dígitos implica disponer de un sistema con una probabilidad mayor de ser hackeado por fuerza bruta.

Otra consideración importante es que la cerradura funciona o se activa al aplicar tensión a sus contactos. Bastaría entonces con alimentarla para que se active liberando el acceso.

Por último, un fallo en el teclado, el display o la propia placa Arduino Nano implicará que no se pueda acceder a la zona protegida.

Ya sabes qué advertencias debes tener en cuenta. Ahora se ofrecen algunas características propias del diseño. El costo de los componentes necesarios para este sistema es relativamente bajo y accesible en comparación con otros sistemas de seguridad avanzados.

Además, la programación y la interacción entre el teclado, el display LCD y la cerradura eléctrica son sencillas, especialmente con las librerías disponibles para Arduino, que permiten personalizar y configurar el código y el diseño del sistema según tus necesidades específicas.

Este proyecto es altamente adaptable y escalable. Se pueden agregar más características, como control remoto o monitoreo, a medida que el proyecto de seguridad evolucione.

Los sistemas Arduino son conocidos por ser eficientes en cuanto al consumo de energía, lo que permite un uso prolongado con fuentes de alimentación estándar y hasta con baterías de ser necesario.

La cantidad de combinaciones posibles es de 7.529.536, lo que reduce las posibilidades de adivinar el código a un 0,000013 %. Como ves, no son nulas, pero está muy cerca de serlo. Esto otorga una "robustez" bastante buena en cuanto a codificación.

Con respecto a que se pueda acceder a la placa Arduino Nano para modificar, reemplazar o eliminar el código, debes reconocer que, si el circuito se encuentra protegido, escondido o es de difícil acceso, las probabilidades de que un intruso acceda con un ordenador con el IDE de Arduino instalado y posea los conocimientos específicos para modificar tu código, también, son muy bajas. Y si bien no es imposible, "descompilar" el código grabado en las placas Arduino es muy difícil. Requiere gran conocimiento, mucho tiempo y habilidades de programación enormes. Piensa que todos los comentarios y estructuras desaparecieron, los nombres de las variables, funciones y demás han sido reemplazados por números o direcciones de memoria. El compilador realizó todo tipo de optimizaciones, integrando funciones al código, agregando las librerías y sus funciones, etcétera. Descompilar el código es prácticamente una tarea sin resultados útiles.

Si bien la cerradura es del tipo eléctrico y libera el pestillo para abrir, su funcionamiento se basa en la aplicación de una tensión de 220V en su bobina (por ello se utiliza el módulo relé como ya se explicó). Es decir, si alguien quisiera abrirla aplicando una tensión de 220V de manera que se active tal como fue diseñada, debería primero poder acceder a sus contactos o cableado y, luego, aplicarle 220V. En general, no existen tomacorrientes en las puertas o marcos de estas desde donde se pueda tomar la tensión necesaria. Tampoco es un voltaje que se pueda obtener con algún sistema portátil sencillo como para no tener la necesidad de depender de un tomacorriente. Pero además, si el intruso pudiera llegar al cableado de la cerradura, también estaría accediendo a los tornillos mediante los cuales se la sujeta y, en ese caso, podrá retirarla sin necesidad de aplicar 220V. Por último, acceder a los tornillos de sujeción implica también que la puerta ya está abierta.

Con respecto a recibir un ataque de fuerza bruta, para implementarlo es necesario acceder a los contactos del teclado para que otro sistema simule la presión de cada tecla, ya sea aplicando la tensión correspondiente según el diseño del circuito y en los pines correctos o bien presionando cada tecla mecánicamente como lo haría un humano.

Si revisas el código propuesto, observarás que no se indica, por ejemplo, "Ingrese clave de seis dígitos y presione #". Es decir, no se proporcionan dos datos centrales para aplicar este método de hackeo. Esto implica, suponiendo que el intruso no conozca estos datos, que deberá probar claves desde un dígito hasta 16 dígitos (o 14 si, inteligentemente, considera o supone que * y # no formarían parte de la clave). Ahora imagina que, en lugar de usar # como **Enter**, utilizas el asterisco o por qué no la letra **A** o el número **1**. ¡Hay dieciséis teclas para elegir! Como ya se dijo, no indicaste un mensaje de error o clave incorrecta y es justamente por este motivo.

Estas no son todas las debilidades y fortalezas de este proyecto, pero brindan un panorama bastante enfocado para que se pueda determinar si se ajusta a tus necesidades. Las detalladas son algunas de las más importantes, ojalá sirvan para ayudarte a tomar la decisión de construirlo.

ⓘ ADVERTENCIA

Es importante saber que trabajar con tensiones elevadas, como por ejemplo 220V, implica un riesgo considerable. Un accidente con esta tensión puede provocar enormes daños y lesiones personales, y hasta la muerte. Se recomienda delegar la tarea en un técnico o electricista matriculado, para realizar la conexión. Bastará con exhibirle el diagrama de conexiones propuesto, para que las realice sin ningún inconveniente (**Imagen 2.6**).

5.8 PROBLEMAS Y SOLUCIONES

Ya sabes que, en todo proyecto, es posible encontrar algunas fallas de funcionamiento del sistema al encenderlo por primera vez. Como siempre, las más comunes son las de conexiones o cableado. El primer paso, entonces, es verificar cada conexión en detalle antes de encenderlo para evitar falsos contactos o cortocircuitos. Como se indicó en el capítulo 1, los falsos contactos solo provocan fallas de operación.

En cambio, los cortocircuitos pueden originar daños irreversibles en uno o en todos los componentes del proyecto, obligando a reemplazar la pieza dañada. Tal como se mencionó en el capítulo 1, los problemas listados a continuación son comunes en general a los descriptos anteriormente.

> ▶ **Problema**: el sistema enciende y se programa con normalidad. Sin embargo, no se activa la cerradura, es decir, no funciona liberando el pestillo.

▶ **Solución**: verifica las conexiones del módulo relé. La placa del módulo relé incluye dos pines de alimentación que poseen polaridad y que no pueden invertirse. Verifica que la conexión del pin de control se encuentra correcta y sin falsos contactos. Chequea que la tensión de alimentación de la cerradura sea acorde a ella y que no haya falsos contactos en el cableado correspondiente. Si todo ha sido controlado, es posible que se encuentren dañados el módulo relé o la propia cerradura.

▶ **Problema**: el sistema enciende, pero no se observa nada en el display.

▶ **Solución**: primero debes verificar que las conexiones estén correctamente realizadas. Chequea que los cables de alimentación no se encuentren invertidos. Luego, revisa si el backlight se encuentra correctamente conectado y si está encendida la pantalla con su luz de fondo. Después, verifica que el potenciómetro de $10K\Omega$ se encuentre en la posición central y realizas movimientos suaves hacia ambos lados, buscando la mejor posición de contraste. Este potenciómetro permite ajustar el contraste y la visibilidad para una mejor experiencia de uso o personalización de la pantalla, pero, si se encuentra en máximo o mínimo, es posible que el display no se pueda leer fácilmente.

▶ **Problema**: el sistema enciende, pero la contraseña no funciona aunque se verificó que es válida y se ingresa correctamente.

▶ **Solución**: primero debes verificar que las conexiones para el teclado estén realizadas apropiadamente. Las conexiones no son intercambiables porque el funcionamiento de este se basa en la combinación de filas y columnas eléctricamente hablando. Si, por ejemplo, se intercambian los pines **1** y **2** del teclado, cuando se presionen las teclas **1**, **4**, **7** o *****, el software registrará como presionadas las teclas **2**, **5**, **8** o **0**. Eso por supuesto implica que hay un error en la contraseña ingresada. Las filas y columnas del teclado deben ser verificadas para que las conexiones coincidan exactamente con las programadas en el código. En caso de modificar el cableado, se debe modificar el código para ajustarlo a la realidad.

5.9 ACTIVIDADES

A continuación se presentan las preguntas y los ejercicios que deberías saber responder y resolver para considerar aprendido el capítulo.

5.9.1 Test de autoevaluación

1. *¿Por qué conviene no brindar demasiada información en el display?*

2. *¿Cómo podrías incrementar la cantidad de combinaciones posibles sin agregar dígitos y sin cambiar el tamaño del teclado?*

3. *¿Es posible reemplazar la cerradura eléctrica del tipo "destraba pestillo" o "pestillo electrónico" por otro tipo de cerradura eléctrica?*

4. *De acuerdo con el esquema eléctrico propuesto, ¿es posible agregar un botón para destrabar/abrir sin necesidad de ingresar la clave?*

5. *¿Podría implementarse una alarma en caso de que la clave ingresada no coincida con ninguna de las dos claves posibles?*

5.9.2 Ejercicios prácticos

1. *Modifica el código para que se puedan ver, en el monitor serie del IDE, las teclas que se van presionando, o bien la clave ingresada.*

2. *Modifica el código de manera que, al ingresar una clave incorrecta, el sistema se bloquee y no realice ninguna función hasta tanto se reinicie manualmente todo el sistema (hard reset).*

3. *Modifica el código para que la clave se incremente en un dígito pasando de seis a siete caracteres. Calcula cuántas combinaciones posibles existen ahora y qué probabilidad de adivinarla por azar tendrá el sistema.*

4. *Agrega un RTC y registra la hora de acceso (o intento de acceso), y envía la hora y clave ingresadas al monitor serie.*

5. *Analiza las modificaciones necesarias para agregar más de una clave de apertura y que cada una se grabe en una posición distinta de la memoria EEPROM.*

6

CUENTA REGRESIVA CON ARDUINO

Nuestro último proyecto consiste en un sistema de cuenta regresiva. En este capítulo conocerás todos los elementos que necesitas y el código necesario para implementarlo.

6.1 DESCRIPCIÓN

Un **sistema de cuenta regresiva** es una herramienta o dispositivo que cuenta hacia atrás desde un valor inicial hasta cero, indicando el tiempo restante hasta que se alcance un evento o una acción específica. Estos sistemas son utilizados en una amplia variedad de contextos y aplicaciones para realizar tareas programadas, sincronizar eventos o notificar la finalización de un período determinado.

A continuación se listan, a modo de ejemplo, algunos usos de sistemas de cuenta regresiva.

- ▶ **Cocina y horneado**: temporizadores de cocina que cuentan hacia atrás para notificar cuándo la comida está lista o cuándo un plazo de cocción ha finalizado. Los hornos de microondas domésticos poseen temporizadores de cuenta regresiva.

- ▶ **Entrenamiento físico**: contadores de tiempo utilizados en ejercicios de intervalos, donde se alternan períodos de ejercicio y descanso.

- ▶ **Eventos deportivos**: temporizadores para eventos deportivos, como carreras o competiciones, para marcar el tiempo restante para el final de un juego o una prueba.

▶ **Presentaciones y conferencias**: cuentas regresivas en presentaciones o conferencias para administrar el tiempo de habla o para indicar cuánto tiempo queda para terminar una sección.

▶ **Fuegos artificiales**: sistemas que cuentan hacia atrás para sincronizar el inicio y la secuencia de los fuegos artificiales en espectáculos.

▶ **Proyectos de construcción**: temporizadores utilizados en la gestión de proyectos de construcción para rastrear plazos, por ejemplo, para la finalización de una fase de construcción o el tiempo de fraguado del cemento, hormigón, etcétera.

▶ **Exámenes y pruebas**: temporizadores para exámenes y pruebas, que indican el tiempo restante para completar la evaluación.

▶ **Lanzamientos de productos**: cuentas regresivas en sitios web o campañas de marketing, que anuncian el lanzamiento de un nuevo producto o servicio.

▶ **Aplicaciones móviles y software**: temporizadores en aplicaciones móviles o software para establecer recordatorios o límites de tiempo para tareas específicas, como pausas laborales.

▶ **Eventos sociales**: contadores de tiempo en eventos sociales, como cumpleaños o celebraciones, para anunciar la cuenta regresiva hasta la medianoche, el comienzo de un nuevo año, etcétera.

▶ **Astronomía**: utilización de temporizadores para indicar el inicio o el final de eventos astronómicos, como eclipses o tránsitos planetarios.

▶ **Cohetería como hobby**: uso de sistemas de cuenta regresiva para sincronizar el lanzamiento de cohetes para aficionados a la cohetería.

▶ **Subastas en línea**: temporizadores en sitios de subastas en línea que indican el tiempo restante para realizar ofertas en los artículos.

▶ **Fotografía de larga exposición**: en fotografía de larga exposición, se utilizan temporizadores para controlar la duración exacta de la exposición, especialmente en situaciones de fotografía nocturna, astrofotografía o efectos de movimiento controlado.

▶ **Experimentos en laboratorio**: los sistemas de cuenta regresiva son fundamentales en los laboratorios científicos para medir el tiempo de reacciones químicas, procesos biológicos y otros experimentos que requieren tiempos precisos para cada fase o etapa.

Como ves, los sistemas de cuenta regresiva son útiles en cualquier situación en la que sea importante medir o comunicar el tiempo restante antes de que ocurra un evento específico. Ayudan a administrar el tiempo, sincronizar acciones y crear expectativas sobre cuándo ocurrirá un evento planificado.

6.2 COMPONENTES NECESARIOS

Este proyecto se basará en el hardware del capítulo 2, ya que este puede utilizarse sin modificaciones. El circuito dispone, por lo tanto, de una placa Arduino Nano, un display LCD de 16x2, un teclado de membrana del tipo matricial de 4x4 y un módulo relé para manejo de potencia (aunque este módulo puede eliminarse si deseas utilizar solo una señalización luminosa mediante un led, por ejemplo). El esquema eléctrico, entonces, será el mismo y no requiere modificaciones.

Puedes encontrar una descripción de los componentes Arduino Nano, teclado y display, así como algunas características de su funcionamiento, en el capítulo 1 de este ebook.

6.3 FUNCIONAMIENTO

El proyecto que se va a desarrollar tomará un valor ingresado por el usuario y decrementará segundo a segundo ese valor de tiempo hasta llegar a cero. Una vez que llegue a cero, activará el módulo relé o un led o, simplemente, una salida de la placa Arduino Nano para indicar que la cuenta ha llegado al final. También, por supuesto, podría exhibirse un mensaje en el display.

El sistema podría realizar la cuenta atrás desde un segundo hasta 49 días y 17 horas aproximadamente, pero este proyecto que se propone se desarrollará con un plazo máximo de 30 días de cuenta regresiva, y así será un temporizador de largo tiempo, excelente para miles de usos y situaciones.

Este tipo de temporizadores microprocesados se denominan temporizadores tipo **rollover**. El motivo, así como la restricción a 30 días, se explicará más adelante.

Para este proyecto, no se utilizan relojes externos a la placa Nano. Se aprovecharán las características propias para realizar la cuenta, ya que la misma cuenta con un oscilador de reloj interno genera pulsos a una frecuencia constante. Cada pulso del reloj interno corresponde a una unidad de tiempo y, mediante la cuenta de estos pulsos, se lleva un registro del tiempo transcurrido.

Para acceder a esa cuenta de tiempo, se hace uso de una función denominada **millis()**.

Esta es una función integrada en la plataforma Arduino, que devuelve el número de milisegundos transcurridos desde que el programa comenzó a ejecutarse.

Cuando se llama a la función **millis()** en el código, se lee el valor actual del contador de tiempo interno del microcontrolador y se devuelve como un valor de tiempo en milisegundos. Esta función proporciona un valor entero sin signo (unsigned long) que cuenta milisegundos.

Los siguientes son algunos usos de **millis()**:

▼ **Control de tiempo**: en aplicaciones donde se requiere medir intervalos precisos.

▼ **Implementación de temporizadores**: como contar intervalos, realizar acciones en momentos específicos o controlar la duración de ciertas operaciones.

▼ **Creación de máquinas de estado**: para controlar eventos en función del tiempo.

Algunas desventajas de **millis()**:

▼ **Límite de tiempo**: alcanza un límite máximo de aproximadamente 49 días (alrededor de 49,7 días o 4.294.967.295 milisegundos), después del cual vuelve a cero. Esto se conoce como rollover. El temporizador tiene un límite máximo de tiempo después del cual vuelve a cero. Si una aplicación depende de un tiempo preciso más allá de este límite, se debe implementar una lógica adicional para manejar/controlar este rollover.

▼ **Precisión limitada a largo plazo**: a medida que pasa el tiempo, pueden ocurrir pequeñas desviaciones en la precisión debido a la frecuencia del reloj interno del microcontrolador. La precisión de **millis()** depende del oscilador del reloj interno del microcontrolador. Si este oscilador tiene pequeñas variaciones en su frecuencia, puede llevar a que el conteo de tiempo sea ligeramente impreciso a largo plazo. Factores externos, como la temperatura y el voltaje de alimentación, pueden influir en la precisión de los relojes internos del microcontrolador, lo que a su vez afectaría la precisión de **millis()**.

▼ **Reinicio**: un reset de la placa, un corte de energía o cualquier otra situación que provoque el reinicio de la placa Arduino reiniciará el contador interno, y luego **millis()** devolverá, lógicamente, los valores iniciales de la cuenta ya que el contador ha sido puesto a cero (reiniciado).

A pesar de estas limitaciones, **millis()** es una función muy útil y ampliamente utilizada en entornos Arduino debido a su simplicidad, versatilidad y capacidad para proporcionar una forma no bloqueante de manejar el tiempo en proyectos de hardware.

Aquí se presentan algunas ventajas de **millis()**:

- **Precisión razonable**: aunque no es perfectamente exacto a largo plazo, es lo bastante preciso para la mayoría de las aplicaciones en tiempo real ya que utiliza el tiempo del sistema desde que se inició el microcontrolador, lo que permite una medición de tiempo precisa para la mayoría de las aplicaciones.

- **No bloqueante**: a diferencia de la función **delay()**, **millis()** no detiene la ejecución del código. Esto permite realizar múltiples tareas en simultáneo.

- **Facilidad de uso**: es sencilla de implementar y entender, lo que facilita su uso, especialmente para principiantes.

- **Manejo de múltiples temporizadores**: **millis()** permite crear varios temporizadores independientes en un programa, ya que es una función no bloqueante. Esto es útil para llevar a cabo múltiples tareas temporizadas sin interferir entre sí.

- **Adaptabilidad**: puede ser utilizado para implementar diversos tipos de temporizadores, como temporizadores de cuenta regresiva y progresiva, control de intervalos, secuencias temporizadas, entre otros. Además, es relativamente sencillo de implementar y entender, lo que facilita su uso en miles de proyectos.

- **Escalabilidad y flexibilidad**: los temporizadores basados en **millis()** pueden ser modificados y adaptados según las necesidades específicas de cada proyecto. Esto brinda una gran flexibilidad para ajustar y personalizar la temporización de acuerdo con los requisitos particulares de la aplicación.

El uso de **millis()** para crear temporizadores en Arduino es una práctica recomendada debido a su precisión, su capacidad para ejecutar múltiples temporizadores de forma independiente, su adaptabilidad y la no interferencia con la ejecución del resto del programa, lo que la hace muy útil y versátil para una amplia gama de aplicaciones.

Aunque en la mayoría de los casos **millis()** proporciona una precisión suficiente para aplicaciones comunes, si se requiere una mayor precisión temporal, especialmente en aplicaciones críticas, se pueden utilizar técnicas adicionales, como el uso de temporizadores externos o módulos de reloj de tiempo real (RTC) para obtener una mayor exactitud en la medición del tiempo.

6.4 EL CÓDIGO

En este apartado se desarrolla el software necesario.

La configuración inicial y declaración de variables, librerías y pines es la misma que se ha utilizado en los capítulos 1 y 2, así que se pueden copiar directamente, aunque en esta oportunidad es posible descartar el uso de la memoria EEPROM.

En forma resumida, el funcionamiento del sistema es el siguiente:

El usuario ingresa el tiempo utilizando el teclado. La tecla # funcionará como **ENTER**. Luego presiona la tecla **A** para iniciar la cuenta regresiva. El software iniciará el descuento de segundos aprovechando la función **millis()** como timer o reloj y, cuando la cuenta llegue a cero, se activará una salida pasando un pin a estado lógico uno o **HIGH**. Por ejemplo, la salida identificada como D10 de la placa Nano.

Si durante cualquier momento del conteo se presiona la tecla **B**, el sistema se detiene.

También dispondrás de funciones especiales en las teclas **C** para suspender el conteo (funcionando como tecla de pausa) y **D** para reiniciarlo desde ese punto (utilizándola como tecla continuar).

Entonces, la cuenta inicia tomando el valor de **millis()** y almacenándolo en una variable. Recuerda que **millis()** provee un valor en milisegundos por lo que un segundo transcurre cada vez que la cuenta alcanza el valor de 1000. Por este motivo, dividirás el valor provisto en mil y así se obtendrá un intervalo de tiempo equivalente a un segundo.

El siguiente es un primer código para analizar el funcionamiento y ver en acción el corazón del sistema (**millis()**) a través del monitor serial:

```
// Variable para almacenar el tiempo anterior
unsigned long tiempoAnterior = 0;


// Intervalo de tiempo en milisegundos-1 segundo
unsigned long intervalo = 1000;
```

```
void setup() {
// Inicializar comunic. serial a 9600 baudios
  Serial.begin(9600);
}

void loop() {

// Obtener el tiempo actual
  unsigned long tiempoActual = millis();

// Verificar si ha pasado 1 segundo
  if (tiempoActual - tiempoAnterior >= intervalo) {

// Actualizar el tiempo anterior
    tiempoAnterior = tiempoActual;

// Mostrar el tiempo transcurrido en segundos
// en el monitor serial
    Serial.print("Tiempo transcurrido: ");

// Convertir milisegundos a segundos y mostrar
    Serial.print(tiempoActual / 1000);

    Serial.print(" segundos.");

  }
}
//FIN DEL PROGRAMA
```

Observa que es muy sencillo y no requiere el uso de librerías para operar con la función.

El paso siguiente es crear la lógica de los botones **iniciar** y **detener**, **pausar** y **continuar**.

```
// Variable para almacenar el tiempo de inicio
unsigned long tiempoInicio = 0;

// Variable para guardar el tiempo cuando se pausa
unsigned long tiempoPausado = 0;

// Variable para calcular el tiempo transcurrido
unsigned long tiempoTranscurrido;
```

```
// Indica si la cuenta está activa o detenida
bool cuentaActiva = false;

// Indica si la cuenta está pausada
bool pausado = false;

void setup() {
// Inicializar comunicación serial a 9600 baudios
  Serial.begin(9600);
}

void loop() {
  char key = keypad.getKey();

//Iniciar la cuenta
  if (key == 'A' && !cuentaActiva) {
    cuentaActiva = true;
    tiempoInicio = millis();
    Serial.println("Cuenta iniciada.");
  }

//Detener la cuenta
  if (key == 'B' && cuentaActiva) {
    cuentaActiva = false;
    pausado = false;
    Serial.println("Cuenta detenida.");
  }

//Pausar la cuenta
  if (key == 'C' && cuentaActiva && !pausado) {
    pausado = true;
    tiempoPausado = millis();
    Serial.println("Cuenta pausada.");
  }

//Reiniciar la cuenta pausada
  if (key == 'D' && pausado) {
    pausado = false;
    tiempoInicio += millis() - tiempoPausado;
    Serial.println("Cuenta reanudada.");
  }

// Si la cuenta está activa y no está pausado
// calcular el tiempo, convertir milisegundos a
// segundos y enviarlos al monitor serial para
```

```
// exhibir la cuenta solo una vez por segundo.
if (cuentaActiva && !pausado) {
    tiempoTranscurrido = millis() - tiempoInicio;
    if (millis() - tiempoAnterior >= 1000) {
      Serial.print("Tiempo transcurrido: ");
      Serial.print(tiempoTranscurrido / 1000);
      Serial.println(" segundos.");
      tiempoAnterior = millis();
    }
  }
}
```

La lógica propuesta en el código anterior realiza la cuenta de tiempo desde que se presiona **A**, se detiene si se presiona **B** y se pausa y reanuda con las teclas **C** y **D**, respectivamente. Luego envía el valor de tiempo transcurrido al monitor serial. El resultado en la pantalla es una lista de valores de tiempo medido en segundos. La variable **tiempoAnterior** se utiliza (junto con **millis()**) para determinar si ha transcurrido un segundo desde el último envío al monitor. De esta manera, evitas repetir el valor en la pantalla y lo muestras solo cuando avanza o se modifica.

Pero este sistema es de cuenta regresiva, así que lógicamente no debe contar ascendente, sino descendente, y, por lo tanto, es necesario saber desde qué valor tiene que iniciar esa cuenta regresiva. Para ello, y antes de comenzar, el usuario debe ingresar ese valor mediante el teclado.

Ahora se ofrece el desarrollo del código para que el usuario pueda realizar el ingreso del tiempo.

```
//Variable para el control del arreglo de números
int índice = 7;

void loop() {
  char key = keypad.getKey();

  if (key != NO_KEY) {

    if (key == '*') {
      // Borrar el último valor ingresado
      if (indice<7) {
        indice++;
        for (int i=6; i>=0; i--) {
          valores[i+1]=valores[i];
        }
        valores[0]='0';
      }
```

```
    }
    // Ingresar valor, sólo teclas numéricas
    if (key >= '0' && key <= '9') {
      // Desplazar los valores a la izquierda
      for (int i=0; i<7; i++) {
        valores[i]=valores[i+1];
      }
      // Agregar la tecla presionada al final
      valores[7]=key;
      indice--;
    }
  }
}
```

Este código permite al usuario ingresar el tiempo para iniciar la cuenta. Cada dato se carga en el último dígito del **arreglo** y, luego, cuando se ingresa el siguiente número, se lo desplaza hacia la izquierda permitiendo ingresarlo de la misma manera en que se lee (de izquierda a derecha). Por ejemplo, si se quisiera ingresar 7 días, 22 horas, 21 minutos y 4 segundos (07:22:11:04), el usuario deberá ingresar esos números y en ese orden. Y dentro del mismo código, tienes la opción de corregir mediante el carácter *, que borrará el último dato ingresado desplazando todos los valores a la derecha. Un ejemplo sería, para los mismos datos anteriores, que en lugar de ingresar 04 segundos se ingrese el 4 sin el 0. Esto resultaría en lo siguiente: 00:72:21:14. Entonces, para poder agregar el cero antes del cuatro, se presiona el asterisco, se borra el número cuatro, se desplazan todos los datos a la derecha (00:07:22:11), permitirá agregar el cero para luego ingresar finalmente ese cuatro.

Ya tienes entonces la información necesaria; ahora debes preparar los datos para realizar la cuenta.

Del código anterior se desprende que los datos disponibles son del tipo **char**, es decir, no son números, sino letras, ya que están almacenados en un arreglo de ese tipo. Convertirlos a número (entero en este caso) es realmente muy sencillo. Por ejemplo, sabes que los valores 0 y 1 del arreglo son los días, entonces, para convertir esos dos caracteres en el número de días, debes hacer:

```
dias = (valores[0]-'0') * 10 + (valores[1]-'0');
```

La expresión–**'0'** se utiliza comúnmente en programación para convertir un carácter numérico representado como un carácter **ASCII** en su valor entero correspondiente.

En la tabla ASCII, los dígitos numéricos del 0 al 9 tienen códigos que van del 48 al 57. Por lo tanto, cuando restas el carácter **'0'** (cuyo código ASCII es 48) a otro carácter numérico, obtienes su equivalente entero.

Por ejemplo: si tienes el carácter **'5'**, que tiene un valor ASCII de 53, al hacer **'5'–'0'**, obtienes el número entero 5 (53 – 48 = 5).

De la misma manera, si tienes el carácter **'9'**, que posee un valor en la tabla ASCII de 57, al hacer **'9'–'0'**, obtienes el número entero 9 (57 – 48 = 9).

Esta es una forma rápida de convertir un carácter numérico (representado en su valor ASCII) en su equivalente entero.

La multiplicación por diez del dato cargado en valores **[0]** es solo para convertirlo en la decena del número correspondiente.

Repite el procedimiento para cada pareja de datos, almacena en la variable correspondiente y ya puedes iniciar la cuenta regresiva:

```
//Código para convertir en número los caracteres
//ingresados por el usuario
if (key == '#') {
    dias = (valores[0]-'0') * 10 + (valores[1]-'0');
    horas = (valores[0]-'2') * 10 + (valores[3]-'0');
    minutos = (valores[4]-'0') * 10 + (valores[5]-'0');
    segundos = (valores[6]-'0') * 10 + (valores[7]-'0');
}
```

En las variables **días**, **horas**, **minutos** y **segundos**, están los valores ingresados por el usuario, ahora como valores numéricos, y ya permiten realizar operaciones matemáticas con ellos, en especial la resta.

Lo último que debes hacer antes de ensamblar todo el código, es crear una función que muestre los datos en el display de manera cómoda para poder estar informados constantemente del estado del conteo. No basta con exhibir el valor de la variable valores con un simple **lcd.print**, porque el resultado para el ingreso que se analizó antes sería 07221104.

Para que el dato sea exhibido de una manera más clara y legible como dato de tiempo, debería estar al menos separado por dos puntos. El código siguiente cumple con esta tarea:

```
//Función para exhibir los datos en el display
void MostrarEnLCD(){
    lcd.clear();
```

```
    lcd.setCursor(0, 0);
    lcd.print(valores[0]);
    lcd.print(valores[1]);
    lcd.print(":");
    lcd.print(valores[2]);
    lcd.print(valores[3]);
    lcd.print(":");
    lcd.print(valores[4]);
    lcd.print(valores[5]);
    lcd.print(":");
    lcd.print(valores[6]);
    lcd.print(valores[7]);
}
```

El resultado utilizando este código será 07:22:11:04, que se puede leer e interpretar con mayor facilidad.

Por su parte, la lógica de decremento del tiempo es también muy simple. Se descuentan los segundos ingresados, cuando llegan a cero se descuenta un minuto, y se inicializa la variable de segundos en 59 para que descuente desde ese valor. Cuando los minutos llegan a cero, descuentan una unidad de la hora e inicializan los segundos y los minutos en 59. Cuando las horas llegan a cero, decrementan una unidad de los días e inicializan los segundos en 59, los minutos en 59 y las horas en 23.

Se incluye una sentencia **if** (en el botón de iniciar el conteo, es decir, en la tecla **A**) que verifica que no se superen los 30 días de descuento. Esta limitación se incluye para evitar problemas por rollover. Observa en qué consiste esa característica de las placas Arduino.

6.5 IMPORTANTE

Como ya se explicó, el corazón del sistema es el timer interno de la placa Arduino que la función **millis()** utiliza para brindar la cuenta de tiempo que se inició con el arranque de la placa. El valor devuelto es un número de tipo unsigned long, es decir que puede tomar valores desde 0 hasta 4.294.967.295 correspondiente a los milisegundos de funcionamiento ininterrumpido (aproximadamente 49,7 días), después de lo cual volverá a cero. Cuando se alcanza este valor máximo, el sistema podría presentar un comportamiento no deseado, como por ejemplo adelantar o atrasar la cuenta varios segundos.

Cabe aclarar que, para que este comportamiento irregular o no deseado suceda, la placa debe permanecer encendida y sin reinicios durante más de 49 días y 17 horas aproximadamente. En caso de que la placa sea reseteada, la cuenta de 49 días se reinicia.

El reinicio de los valores que entrega **millis()** sin reiniciar la placa Arduino no es directamente posible ya que **millis()** se basa en el tiempo transcurrido desde que se encendió la placa. Tampoco es posible asignarle valores a **millis()** o programar que devuelva cierto valor.

Si el equipo debe permanecer siempre encendido, y se deben programar cuentas regresivas extensas o muy sensibles al tiempo o las interrupciones, deberás asegurarte de que el tiempo de medición se encuentre dentro del período de 49 días y 17 horas antes del desborde de **millis()**. Para eso, basta con reiniciar la placa antes de una cuenta de más de un mes o similares.

Por otro lado, si el circuito se va a montar en un gabinete cerrado, el botón **hard reset** de la placa no estará disponible. Por lo tanto, agrega un código tal que se pueda realizar un reset por software. Por ejemplo: si presionas tres veces consecutivamente el numeral # (almohadilla en español o hashtag en inglés), entonces la placa se reinicia reseteando lógicamente el valor que entregará **millis()**.

Ahora verás cómo implementar un reset por software:

```
asm volatile (" jmp 0"); //RESET por software
```

La línea **asm volatile (" jmp 0")** es una instrucción de lenguaje ensamblador incrustada directamente en el código del sketch de Arduino.

El lenguaje ensamblador (assembly language en inglés) es un lenguaje de programación de bajo nivel que se encuentra más cerca del código máquina que del lenguaje humano. Utiliza mnemónicos y códigos numéricos para representar instrucciones de operaciones básicas que son directamente entendibles por el hardware de un microprocesador.

La instrucción indicada se utiliza para realizar un salto incondicional a la dirección de memoria 0, que es donde se encuentra el vector de inicio (reset vector) del microcontrolador. En otras palabras, esta instrucción **jmp 0** es un salto directo a la dirección 0 de memoria del microcontrolador, y esto básicamente produce un reinicio del dispositivo Arduino. Es una forma de forzar un reinicio del microcontrolador, lo que implica que se ejecuta el código desde el inicio del programa nuevamente.

Por último, si el equipo se enciende y apaga en forma regular y nunca alcanza los 49 días de funcionamiento continuo, entonces, esta no es una característica para considerar en absoluto.

El límite de 30 días no es en realidad necesario y se incluye solamente con fines didácticos. Se puede eliminar, extender a un máximo de 49 o programar al valor que sea necesario.

Ya tienes todas las partes del código analizadas. Es momento de ensamblar cada sección y subir el sketch a la placa Arduino.

```
#include <Keypad.h>
#include <LiquidCrystal.h>

const byte LED = 10;

// Número de filas y columnas del teclado
const byte ROWS = 4;
const byte COLS = 4;

// Mapeo de teclas
char keys[ROWS][COLS] = {
  {'1','2','3','A'},
  {'4','5','6','B'},
  {'7','8','9','C'},
  {'*','0','#','D'}
};

// Pines conectados a las filas del teclado
byte rowPins[ROWS] = {9, 8, 7, 6};

// Pines conectados a las columnas del teclado
byte colPins[COLS] = {13, A0, A1, A2};

Keypad keypad = Keypad(makeKeymap(keys), rowPins, colPins, ROWS, COLS);

// Pines conectados al display LCD
LiquidCrystal lcd(12, 11, 5, 4, 3, 2);

// Variable para almacenar el tiempo de inicio
unsigned long tiempoInicio = 0;
// Variable para almacenar el tiempo de pausado
unsigned long tiempoPausado = 0;
// Variable para contar segundos
unsigned long tiempoAnterior = 0;
```

```
// Indica si la cuenta está activa o detenida
bool cuentaActiva = false;
// Indica si la cuenta está pausada
bool pausado = false;

// Variable de control de posición dentro del array
int indice = 7;

// Variable de intervalo de tiempo en milisegundos
int intervalo = 1000;

// Variables para contar el tiempo
int dias, horas, minutos, segundos;

// Contador de veces de tecla '#' presionada
int numeralesPresionados = 0;


// Arreglo para los valores a ingresar
char valores[8] = {'0', '0', '0', '0', '0', '0', '0', '0'};

void setup() {
// Inicializar comunicación serial a 9600 baudios
// para utilizar el monitor serial de ser necesario
  Serial.begin(9600);
  Serial.println("INICIO");

// Inicializar LCD
  lcd.begin(16, 2);
  lcd.setCursor(0, 0);
  MostrarEnLCD();

// Configurar pin 10 como salida y apagarlo
  pinMode(LED, OUTPUT);
  digitalWrite(LED, LOW);
}

void loop() {
//Esperar el ingreso de datos (tecla)
  char key = keypad.getKey();

  // Si se presiona A y el conteo está inactivo
  // habilitar el inicio de la cuenta regresiva
```

```
if (key == 'A' && !cuentaActiva && numeralesPresionados>0) {
  cuentaActiva = true;
  tiempoInicio = millis();
  MostrarEnLCD();
  digitalWrite(LED, LOW);

  //Acomodar/formatear los datos ingresados
  dias = (valores[0] - '0') * 10 + (valores[1] - '0');
  horas = (valores[2] - '0') * 10 + (valores[3] - '0');
  minutos = (valores[4] - '0') * 10 + (valores[5] - '0');
  segundos = (valores[6] - '0') * 10 + (valores[7] - '0');
  // Verificar que no se supere el máximo de 30
  // días e indicar error en el display
  if (dias > 30){
    lcd.setCursor(0,1);
    lcd.print("Días excedidos..");
    delay(1000);
    lcd.setCursor(0,1);
    lcd.print("                ");
    cuentaActiva = false;
    numeralesPresionados = 0;
  }

  // Volver a cero el contador
  numeralesPresionados = 0;
}

if (key == 'B' && cuentaActiva) {
  // Volver a cero el contador
  numeralesPresionados = 0;
  // Indicar que la cuenta se ha detenido
  cuentaActiva = false;
  pausado = false;
  lcd.setCursor(0,1);
  lcd.println("Conteo detenido.");
}

if (key == 'C' && cuentaActiva && !pausado) {
  pausado = true;
  tiempoPausado = millis();
  lcd.setCursor(0,1);
  lcd.println("Conteo pausado. ");
  // Volver a cero el contador
  numeralesPresionados = 0;
```

```
}

if (key == 'D' && pausado) {
  // Volver a cero el contador
  numeralesPresionados = 0;
  pausado = false;
  tiempoInicio += millis() - tiempoPausado;
}

if (key == '#') {
  numeralesPresionados++;
  // Verificar si se presionó la tecla '#'
  // tres veces consecutivas
  if (numeralesPresionados >= 3) {
    lcd.clear();
    lcd.setCursor(0,0);
    lcd.println("Reiniciando.....");
    delay(1000);
    // Reiniciar la placa
    asm volatile ("  jmp 0");
  }
}

// Ingresar valores: solamente números del 0 al 9
if (key >= '0' && key <= '9') {
  numeralesPresionados = 0;
  // Desplazar todos los valores una posición a
  // la izquierda
  for (int i=0; i<7; i++) {
    valores[i]=valores[i+1];
  }
  // Cargar el último valor ingresado en la
  // última posición del arreglo
  valores[7]=key;
  indice--;
  MostrarEnLCD();
}

//Borrar valor
if (key == '*' && !cuentaActiva) {
  // Borrar el último valor ingresado
  if (indice<7) {
    indice++;
    valores[0]='0';
```

```
    MostrarEnLCD();
  }
 // Volver a cero el contador
 numeralesPresionados = 0;
}


// Si se presiona ENTER informar que el sistema
// está listo para iniciar la cuenta regresiva
if (key == '#') {
  lcd.setCursor(0,1);
  lcd.print(«Sistema listo   «);
}


// Si la cuenta está activa y el sistema no está
// pausado, decrementar el tiempo
if (cuentaActiva && !pausado) {
  unsigned long tiempoTranscurrido = millis() - tiempoInicio;
  if (millis() - tiempoAnterior >= intervalo) {

    // Verificar si la cuenta llegó a cero
    if (dias+horas+minutos+segundos == 0){
      // TIEMPO CUMPLIDO, encender LED
      digitalWrite(LED, HIGH);
      // Código adicional aquí

      // Detener la cuenta regresiva
      cuentaActiva = false;
    } else {
      // Apagar LED
      digitalWrite(LED, LOW);
    }

    // Descontar tiempo
    if (segundos>0){
      segundos--;
    } else {
      if (minutos>0) {
        segundos=59;
        minutos--;
      } else {
        if (horas >0) {
          minutos=59;
          segundos=59;
          horas--;
```

```
          } else {
            if (dias >0) {
              horas=23;
              minutos=59;
              segundos=59;
              dias--;
            }
          }
        }
      }
      // Dar formato numérico a la cuenta
      valores[7]=(segundos % 10)+'0';
      valores[6]=(segundos / 10)+'0';
      valores[5]=(minutos % 10)+'0';
      valores[4]=(minutos / 10)+'0';
      valores[3]=(horas % 10)+'0';
      valores[2]=(horas / 10)+'0';
      valores[1]=(dias % 10)+'0';
      valores[0]=(dias / 10)+'0';
      MostrarEnLCD();

      tiempoAnterior = millis();
    }
  }
}


// Función para exhibir los datos en el display
void MostrarEnLCD(){
      lcd.clear();
      lcd.setCursor(0, 0);
      lcd.print(valores[0]);
      lcd.print(valores[1]);
      lcd.print(«:»);
      lcd.print(valores[2]);
      lcd.print(valores[3]);
      lcd.print(«:»);
      lcd.print(valores[4]);
      lcd.print(valores[5]);
      lcd.print(«:»);
      lcd.print(valores[6]);
      lcd.print(valores[7]);
}

// FIN DEL PROGRAMA
```

Por último, una característica del código propuesto es que no limita el tiempo de ingreso a 59 segundos, 59 minutos o 23 horas. Es decir, no realiza un control del tiempo ingresado (excepto para evitar que se ingresen más de 30 días). Esto es así para que el usuario no tenga que realizar cálculos con el fin de determinar cómo debe ingresar los valores. Si necesita ingresar 90 segundos, ingresa 90 segundos, no tiene que calcular e ingresar 01 minutos 30 segundos. Pero, si quiere ingresar un minuto y treinta segundos, también puede hacerlo. Esto incrementa la comodidad del uso y mejora la experiencia del usuario.

6.6 EL CIRCUITO

El circuito, como ya se mencionó, es el mismo que el utilizado en el capítulo anterior. La única diferencia es que, en lugar de utilizar un módulo relé, se puede usar un led. Pero también es una opción no reemplazar el módulo y utilizar el circuito del capítulo dos completo y sin modificaciones para controlar cualquier otro dispositivo de potencia mediante el relé. Así, se podría, por ejemplo, encender un equipo al finalizar la cuenta o mantener funcionando el equipo y que se apague al finalizar la cuenta. Con el mismo módulo y sin modificaciones, se pueden ejecutar ambas opciones. Solo es necesario definir en qué pin del módulo se debe conectar el dispositivo.

A continuación, se presenta el diagrama del circuito completo.

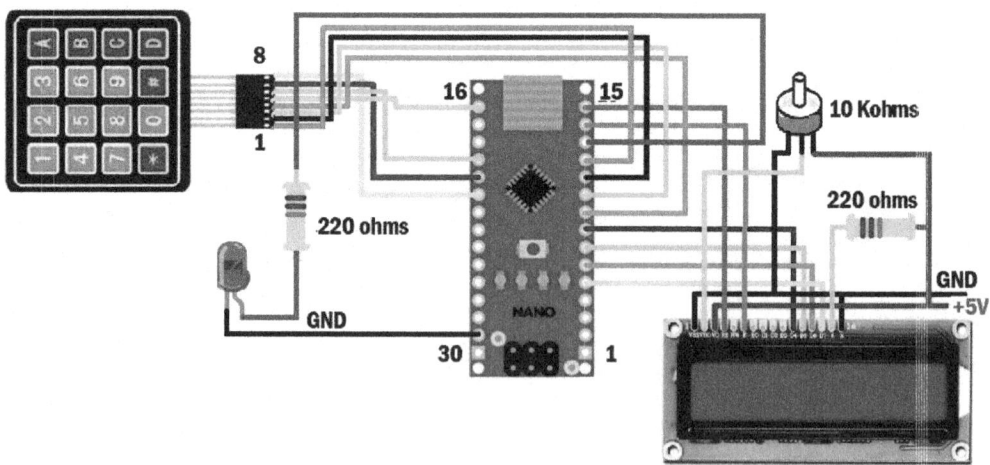

Figura 6.1. El circuito es similar al que se ha venido utilizando en los capítulos anteriores. Como se observa solo tiene una diferencia con el circuito del capítulo dos por ejemplo, ya que en lugar de utilizar un módulo relé, utiliza un LED rojo para señalizar el fin del conteo.

En caso de utilizar el circuito del capítulo dos, puedes usar el sistema para mantener un dispositivo funcionando hasta que finalice la cuenta regresiva, o bien para que arranque cuando esta termine.

En la imagen siguiente, puedes ver el funcionamiento de esta propuesta. El módulo relé tiene, en el contacto NC (normal cerrado), un dispositivo asociado a ventilación y, en el contacto NA (normal abierto), un motor eléctrico.

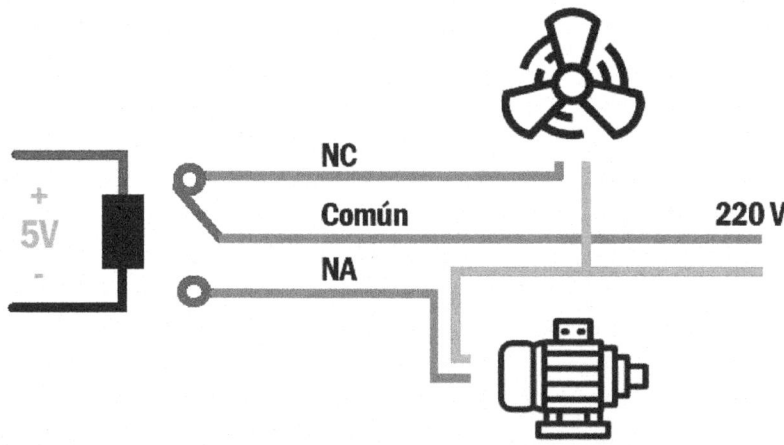

Figura 6.2. En este esquema se puede ver el funcionamiento del relé. Según sea el estado del sistema, se mantendrá funcionando el motor eléctrico o el dispositivo de ventilación.

Entonces, si se reemplaza el led por un módulo relé, el contacto NC mantiene funcionando la ventilación mientras el sistema está apagado o durante la cuenta descendente. Al finalizar la cuenta regresiva, se activa la salida D10, por lo tanto, se activa el módulo relé y se desconecta el contacto NC mientras se conecta el NA. Entonces, se apaga la ventilación y se enciende el motor.

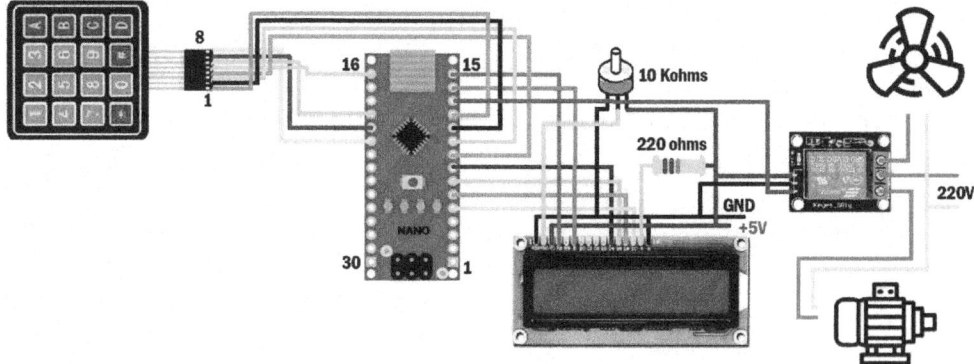

Figura 6.3. Puedes utilizar el mismo circuito diseñado para la cerradura electrónica y conectar un motor y un sistema de ventilación. O solo uno de ellos según se requiera.

En la tabla siguiente, se indica la relación entre pines de la placa Arduino y el resto de componentes o dispositivos, y es la misma que la dispuesta en el capítulo 2. Se recuerda que, en caso de ser modificada, se deberá cambiar también el código para que funcione correctamente.

TABLA DE PINES				
Pin Arduino	Descrip.pin	Dispositivo	Pin dispositivo	Descripción
1				
2				
3				
4				
5	D2	LCD	14	D7
6	D3	LCD	13	D6
7	D4	LCD	12	D5
8	D5	LCD	11	D4
9	D6	TECLADO	4	Pin 4
10	D7	TECLADO	3	Pin 3
11	D8	TECLADO	2	Pin 2
12	D9	TECLADO	1	Pin 1
13	D10	LED (*)		ÁNODO
14	D11	LCD	6	E
15	D12	LCD	4	RS
16	D13	TECLADO	5	Pin 5
17				
18				
19	A0	TECLADO	6	Pin 6
20	A1	TECLADO	7	Pin 7
21	A2	TECLADO	8	Pin 8
22				
23				
24				
25				
26				
27	5V	5V		
28				
29	GND	GND		
30				

(*) El LED puede ser reemplazado por un módulo relé

Una última consideración consiste en que el circuito propuesto es susceptible de sufrir un corte de energía que afectará a todo el sistema en el que esté incluido.

Imagina, por ejemplo, que necesitas realizar la cuenta atrás de un cierto tiempo y que debes reanudar esa cuenta en caso de que se suspenda por un corte de energía. Lo que necesitas, básicamente, es que, si iniciaste la cuenta regresiva, por ejemplo en 45 minutos y en cualquier momento antes del 0 se produce un corte de energía, retomes la cuenta desde el valor en el que se suspendió y llegues a cero cuando se restablezca la energía.

Para ello vas a utilizar la memoria EEPROM de la placa.

Recuerda del capítulo 2 que la memoria EEPROM es programable y borrable eléctricamente. A diferencia de la memoria RAM, mantiene el valor ante un corte de energía y, a diferencia de la ROM, se puede reescribir.

También, ten en cuenta que las memorias EEPROM de la familia Arduino tienen una vida útil, por mencionarlo de alguna manera, de unas 100.000 escrituras. Esto equivale a unos 274 años se escribe una vez por día, o bien equivale a 1 día, 3 horas, 46 minutos y 40 segundos si se graba una vez por segundo. Es decir que, si implementas una corrección en el código para que ante un corte energía retomes la cuenta desde exactamente el último valor contabilizado y habiendo grabado el valor del contador cada un segundo en la EEPROM, al final de un día la placa Arduino no tendrá la fiabilidad necesaria para almacenar la información de manera segura.

Para resolver esto, debes recurrir al uso de una memoria EEPROM externa y debes considerar aquella que disponga de las capacidades necesarias.

Existen dos modelos mencionables para extender el plazo con que cuenta la familia Nano, aunque existen miles de otros que pueden considerarse según la disponibilidad en tu zona.

La primera tiene una especificación de un millón de ciclos de escritura. Es una memoria desarrollada por **Microchip Technology**, y su denominación es **24AA256T-I/OT**. Utilizando una de estas memorias y escribiendo una vez por segundo en ella, te permitiría extender el tiempo a 11 días, 13 horas, 46 minutos y 40 segundos.

En caso de que esto no resulte conveniente, recurre a un tipo de memoria denominada **FRAM**, que ofrece una alta durabilidad y retención de datos como son las memorias de la serie **FM25V** de **Cypress Semiconductor**. Por ejemplo, el modelo FM25V10-G ofrece una capacidad de 128 Kbytes y está diseñado para soportar hasta 100 mil millones de ciclos de escritura, o lo que es lo mismo más de 3170 años. FRAM significa Ferroelectric Random Access Memory (memoria de acceso aleatorio ferroeléctrica). Es un tipo de memoria no volátil que combina la velocidad de escritura y lectura de la RAM con la capacidad de retener datos, incluso cuando no hay energía eléctrica, similar a las memorias EEPROM y flash. Una de las ventajas clave de la FRAM es su alta velocidad y resistencia. Ofrece una velocidad de escritura considerablemente más rápida en comparación con las EEPROM y las memorias flash. Además, tiene una vida útil mucho más larga en términos de ciclos de escritura/lectura, lo que la hace adecuada para aplicaciones que requieren una alta frecuencia de escritura y lectura de datos.

Otra alternativa es dotar al proyecto de un sistema de energía auxiliar de manera que, ante una falla en el suministro, el circuito pueda continuar funcionando. Existen equipos denominados **UPS** por su acrónimo del nombre en inglés: Uninterruptible Power Supply o fuente de alimentación ininterrumpible en español. Son dispositivos que protegen equipos electrónicos y computadoras, de cortes repentinos de energía eléctrica o fluctuaciones en los valores de tensión. Los UPS proporcionan alimentación eléctrica de respaldo durante cortes de energía, lo que permite a los dispositivos conectados mantenerse encendidos durante un tiempo limitado. Están diseñados para mantener la operatividad de los equipos y protegerlos contra pérdida de datos o daños que podrían ocurrir debido a apagones repentinos, picos de voltaje o caídas en la corriente eléctrica. La duración del soporte depende de las baterías y del consumo de energía del equipo atendido.

6.7 PROBLEMAS Y SOLUCIONES

Aunque el software ha sido probado y funciona correctamente, es posible que se pueda presentar algún comportamiento extraño o no esperado. Se recomienda, por lo tanto, probar y verificar que se ajusta a las necesidades antes de instalarlo de manera definitiva. El código propuesto es el mismo con el que se realizaron todas las pruebas de funcionamiento y no se han presentado fallas en las condiciones de uso descriptas antes.

Como en todo circuito electrónico, se pueden presentar algunas fallas de funcionamiento cuando se enciende por primera vez. Algunas de estas fallas son comunes a las descriptas en los capítulos 1 y 2 de este e-book.

▸ **Problema**: el sistema enciende, pero no se observa nada en el display.

▸ **Solución**: primero debes verificar que las conexiones estén correctamente realizadas. Comprueba que los cables de alimentación no se encuentren invertidos. Luego, examina si el backlight se encuentra correctamente conectado, ¿está encendida la pantalla con su luz de fondo? Después, verifica si el potenciómetro de 10KΩ se encuentra en la posición central, y realiza movimientos suaves hacia ambos lados, buscando la mejor posición de contraste. Este potenciómetro permite ajustar el contraste y la visibilidad para una mejor experiencia de uso o personalización de la pantalla, pero, si se encuentra en máximo o mínimo, es posible que el display no se pueda leer con facilidad.

- **Problema**: el sistema enciende, pero los valores ingresados no corresponden a las teclas presionadas.
- **Solución**: como se analizó en el capítulo 2, lo primero que debes verificar es que las conexiones para el teclado estén realizadas en forma correcta. Las conexiones no son intercambiables porque el funcionamiento de este se basa en la combinación de filas y columnas eléctricamente hablando. Si, por ejemplo, se intercambian los pines **1** y **2** del teclado, cuando se presionen las teclas **1**, **4**, **7** o *, el software registrará como presionadas las teclas **2**, **5**, **8** o **0**. Eso, por supuesto, implica que hay un error en la contraseña ingresada. Las filas y columnas del teclado deben ser verificadas para que las conexiones coincidan exactamente con las programadas en el código. En caso de modificar el cableado, se debe cambiar el código para ajustarlo a la realidad.
- **Problema**: el sistema enciende, se programa con normalidad y realiza el descuento correctamente, pero al llegar a cero no se enciende el led.
- **Solución**: verifica que el pin elegido esté correctamente configurado en el software como salida (OUTPUT). Comprueba que la comparación con los valores de días, horas, minutos y segundos sea una suma y se coteje con el valor cero. Esta es la comparación necesaria:

```
if (millis()-tiempoAnterior >= intervalo) {
    if (dias+horas+minutos+segundos == 0){
        //el código para encender el LED se debe
        //incluir aquí
    }
}
```

Verifica que no haya errores en estas instrucciones.

Si el código es correcto, chequea las conexiones del led y asegúrate de que dispone de la resistencia limitadora. Si el problema persiste, intenta cambiar la salida de la placa para descartar problemas del micro, o bien reemplaza la resistencia y el led.

6.8 ACTIVIDADES

A continuación se presentan las preguntas y los ejercicios que deberías saber responder y resolver para considerar aprendido el capítulo.

6.8.1 Test de autoevaluación

1. *¿Qué es el rollover?*

2. *¿Qué modificación se debe realizar en el código para acelerar o demorar el conteo de tiempo?*

3. *¿Por qué no es posible modificar el valor entregado por* **millis()***?*

4. *¿Cuántos temporizadores se pueden implementar en la placa Arduino utilizando la función* **millis()***?*

5. *¿Cuánto tiempo podría funcionar el sistema si se utiliza la EEPROM de la placa y se graban datos del conteo cada un minuto?*

6.8.2 Ejercicios prácticos

1. *Modifica el código para extender la cuenta a más de 30 días.*

2. *Modifica el código para que, al presionar la letra* **C***, se reinicie la cuenta original.*

3. *Modifica el código para que el sistema inicie siempre en el mismo valor de tiempo para que sea innecesario que el usuario ingrese el valor de arranque/inicio de la cuenta decreciente.*

4. *Modifica el código de manera que, mientras se realiza la cuenta descendente, si alguien presiona cualquier tecla, la base de tiempo sea de 100ms en vez de 1000ms. Utiliza el temporizador en cualquier juego basado en tiempo y sorprende a quienes quieran manipular el sistema.*

5. *Modifica el código para que el valor inicial de la cuenta regresiva se tome automáticamente de la memoria EEPROM cada vez que finalice un conteo, dejando el sistema listo para iniciar otro conteo.*

GLOSARIO

▶ **Arreglo:** o array en inglés y en programación es un tipo de dato estructurado que almacena información del mismo tipo y en forma consecutiva.

▶ **ASCII:** en inglés *American Standard Code for Information Interchange* o en castellano Código Estándar Americano para el Intercambio de Información. Es un código de caracteres que determina cómo representar los caracteres en un sistema informático. Establece una relación entre la composición del byte y el carácter al que representa.

▶ **Aspersor:** mecanismo utilizado para esparcir un líquido a presión, como el agua para el riego o los herbicidas químicos. Puede ser fijo, desplegable, rotatorio, etcétera.

▶ **Backlight:** retroiluminación o iluminación por contraste. En el LCD, es la iluminación que se aplica a la pantalla para favorecer el contraste.

▶ **Cortocircuito:** contacto generalmente accidental de dos o más conductores de polos opuestos que suele ocasionar una descarga de energía descontrolada y que puede provocar daños severos a bienes y personas.

▶ **EEPROM:** en inglés *Electrically Erasable Programmable Read-Only Memory*. Es un tipo de memoria que puede ser programada, borrada y reprogramada eléctricamente y no se pierde la información en caso de ser desconectada de la energía.

▶ **I2C:** es un protocolo diseñado para la transferencia de datos que permite tener circuitos maestro que controlan, envían y reciben información de circuitos esclavo mediante el uso de dos cables.

▶ **LCD:** en inglés *Liquid-Crystal Display* o pantalla de cristal líquido. Es un periférico de salida que se utiliza para exhibir información.

▶ **Librería:** conjunto de funciones incluidas de manera muy sencilla en el código para proporcionar una cierta funcionalidad específica sin tener que repetir el código en diferentes programas.

▶ **Pinout:** asignación o disposición de cada pin de un circuito integrado. El término se utiliza en electrónica para determinar la función de cada pin de un chip o contactos en una placa de circuitos electrónicos, como las placas Arduino.

▶ **Protoboard:** es una placa de pruebas con orificios que se encuentran conectados eléctricamente entre sí de manera interna, en la que se pueden insertar componentes electrónicos y cables para realizar pruebas y prototipos.

▶ **PWM:** en inglés *Pulse Width Modulation* o modulación por ancho de pulsos de una señal o fuente de energía. Es una técnica que modifica el ciclo de trabajo de una señal periódica para controlar la cantidad de energía que se envía a una carga.

▶ **RFID:** en inglés *Radio Frecuency Identification*. Es un sistema de almacenamiento y recuperación de datos remotos mediante el uso de ondas de radio.

▶ **Timer:** es un temporizador que abre y cierra un circuito eléctrico de forma automática y durante un tiempo tal que depende de su diseño, generando de esta manera una señal periódica.

Parte 1

....

Tablero avisador de mensajes led
Detección de objetos
Medición de gases con Arduino

7

TABLERO AVISADOR DE MENSAJES LED

El primer proyecto consiste en un tablero led para exhibir mensajes. Se trata de una pantalla o matriz de leds en la que, con ayuda de una placa Arduino Nano, podrás exponer palabras, números, frases, símbolos, etcétera.

7.1 MATRIZ LED

Una matriz de leds consiste en un conjunto de diodos emisores de luz dispuestos o acomodados de forma tal que, mediante el encendido o apagado de algunos de ellos, controlados individualmente, es posible representar símbolos, letras y números para comunicar algún mensaje o idea.

El tamaño de la matriz suele indicarse mediante números que expresan la disposición de los leds que la componen; por ejemplo: 8x8 para indicar que la matriz está formada por 8 leds por columna y 8 leds por fila, u 8x32 para una pantalla compuesta por 8 leds por columna y 32 leds por fila.

Figura 7.1. Matriz de leds de 8 leds por columna y 8 leds por fila. Cada
módulo puede utilizarse individualmente o en cascada.

Veamos las características principales de las matrices led:

▼ **Bidimensionalidad**: las matrices led tienen una disposición en filas y
columnas, lo que permite controlar cada led de manera individual, como
ya dijimos. Cada led se encuentra en una intersección específica de una
fila y una columna.

▼ **Control individual**: cada led en la matriz puede ser controlado de modo
independiente. Esto permite encender o apagar leds específicos para crear
patrones visuales o mostrar cierta información. Es posible representar
símbolos existentes o crear nuevos.

▼ **Tamaño y resolución**: las matrices led pueden variar en tamaño y
resolución. Pueden ser pequeñas, con solo unos pocos leds, o grandes,
con cientos o miles de ellos, lo que ofrece mayor resolución para mostrar
información detallada.

▼ **Multiplexación**: para controlar grandes matrices de leds con un número
limitado de pines de salida, se utiliza la técnica de multiplexación. Esto
significa encender y apagar rápidamente grupos de leds en secuencia para
dar la ilusión de que todos están encendidos al mismo tiempo. Veremos
este tema más adelante.

► **Colores**: las matrices led pueden estar compuestas por leds de un solo color (por ejemplo, rojo, verde o azul) o por leds RGB, que pueden mostrar una gama más amplia de tonos mediante la combinación de intensidades de luz de los tres colores que conforman la matriz.

► **Uso común**: las matrices led se utilizan en una variedad de aplicaciones, ya que son de uso común en cartelería, publicidad, etcétera, con lo cual resultan fáciles de adquirir en cualquier comercio especializado.

► **Interfaz con microcontroladores**: estas matrices se pueden controlar con microcontroladores como Arduino u otros, que generan los patrones de encendido y apagado para los leds según el programa cargado en la placa.

► **Aplicaciones creativas**: debido a su versatilidad, las matrices led se utilizan en proyectos creativos y artísticos. Pueden formar parte de instalaciones interactivas, arte led, juguetes electrónicos y más.

► **Programación personalizada**: para aprovechar al máximo las matrices led, se requiere programación personalizada. Los patrones de iluminación y las secuencias pueden ser controlados mediante código.

► **Flexibilidad**: algunas matrices led son flexibles y pueden doblarse o curvarse para adaptarse a formas específicas o aplicaciones creativas.

Estas características hacen que las matrices led sean dispositivos versátiles y populares en el mundo de la electrónica y la programación creativa.

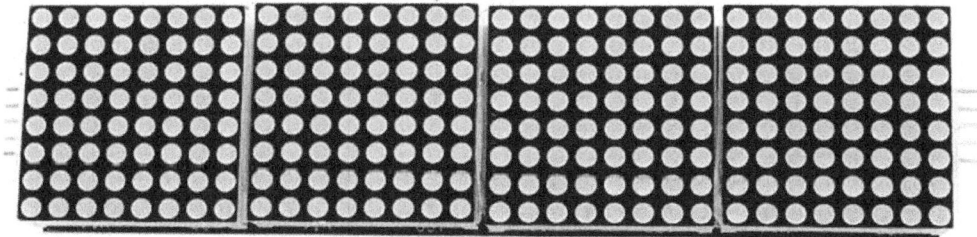

Figura 7.2. Matriz de 8 leds por columna y 32 leds por fila. Esta matriz se puede construir a partir de tomar 4 módulos de 8x8 y conectarlos en cadena o cascada.

7.2 CONTROL DEL PANEL, MÓDULO O MATRIZ LED

El control de la matriz, como dijimos, consiste en realizar el encendido o apagado de cada led de manera individual. Como podrás imaginar, esta tarea puede resultar algo compleja o engorrosa a medida que el tamaño del tablero o pantalla crece, ya que se requerirán más pines de control. Si además la pantalla es policromática, se agregan otros pines a la ecuación para controlar el color de cada led.

Afortunadamente, los módulos de 8x8 leds se pueden adquirir provistos de un controlador denominado MAX7219. Este es un chip controlador ideal para pantallas formadas por matrices de leds. Técnicamente hablando, y en lo que a nuestro proyecto se refiere, el MAX7219 es un chip de la empresa MAXIM capaz de controlar hasta 64 diodos led de manera individual, ya que incorpora un decoder BCD code-B, realiza multiplexado y posee una memoria RAM interna de 8x8 para almacenar el estado de cada led individualmente.

Las matrices led suelen ofrecerse en forma de módulos de 8x8 controlados por el chip MAX7219 y otros componentes necesarios, como puede observarse en la Figura 1.1., y pueden conectarse en serie, cadena o cascada, como se ejemplifica en la Figura 1.2.

Veamos resumidamente (luego lo analizaremos en detalle) cómo controlar una matriz led con controlador MAX7219:

- **Conexiones físicas**: el módulo controlado por un chip MAX7219 posee generalmente los pines DIN (Data In), CS (**Chip Select**) y CLK (Clock).

- **Librería para MAX7219**: existe una librería gratuita específica para el MAX7219. Se denomina **LedControl.h** y se puede descargar e instalar como cualquier librería para el IDE de Arduino. Con ella es posible encender o apagar leds, establecer intensidad del brillo, limpiar la pantalla, etc.

- Como siempre, la inclusión de la librería para su posterior uso en el código se realiza con una sola línea, de una manera muy simple y cómoda:

```
#include <LedControl.h>
```

- **Configuración**: se debe inicializar el objeto MAX7219 con el número correcto de módulos en cadena (matrices conectadas en serie o cascada) y la orientación, si es necesario en ese caso.

El siguiente es un ejemplo simple de declaración de pines utilizados y la creación del objeto **Mx** o matriz conformada por un módulo de 8x8 leds:

```
// Pines de conexión al MAX7219
const int DIN_PIN = 10;
const int CS_PIN = 11;
const int CLK_PIN = 12;

// Inicializar el objeto MAX7219
// 1 módulo o matriz conectada al circuito
LedControl Mx = LedControl(DIN_PIN, CLK_PIN, CS_PIN, 1);
```

Al igual que dijimos en los e-books anteriores, podemos destacar que este procedimiento es realmente muy simple.

En caso de tener más de un módulo conectado, basta con reemplazar el 1 por la cantidad de módulos del proyecto:

```
// Inicializar el objeto MAX7219
// 4 módulos o matrices conectada al circuito
LedControl Mx = LedControl(DIN_PIN, CLK_PIN, CS_PIN, 4);
```

Antes de adentrarnos en el proyecto, analicemos cómo funciona cada módulo y qué hace exactamente el controlador MAX7219.

Cada módulo está compuesto por 64 leds dispuestos en 8 filas de 8 leds cada una, conformando una matriz de 8x8, como ya mencionamos. Cada led se puede encender individualmente mediante la combinación de los pines de cada matriz (**Figura 1.3.**).

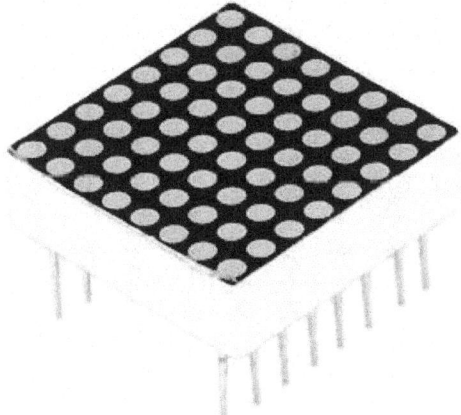

Figura 7.3. Matriz de leds de 8 filas de 8 leds cada una, sin controlador y sin placa de circuito impreso.

El diagrama eléctrico (o esquemático) de dicha matriz muestra que cada led está conectado a una fila y a una columna:

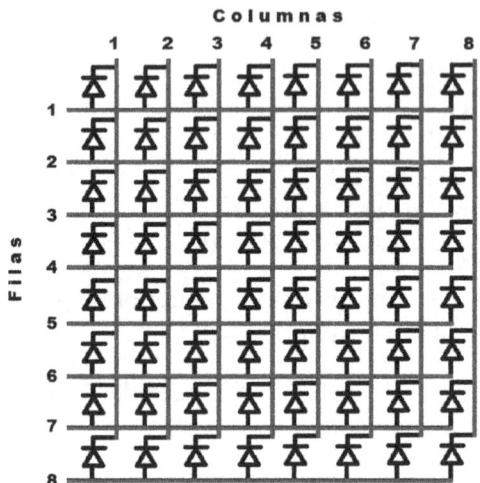

Figura 7.4. Diagrama eléctrico de la matriz de leds (esquemático) donde se puede observar cómo está conectado cada uno de ellos.

Observando la **Figura 1.5.**, es posible entender la mecánica de funcionamiento: para encender un led del centro del módulo (en la imagen se lo ve resaltado y de color amarillo) es necesario aplicar una tensión adecuada entre la columna 5 y la fila 4.

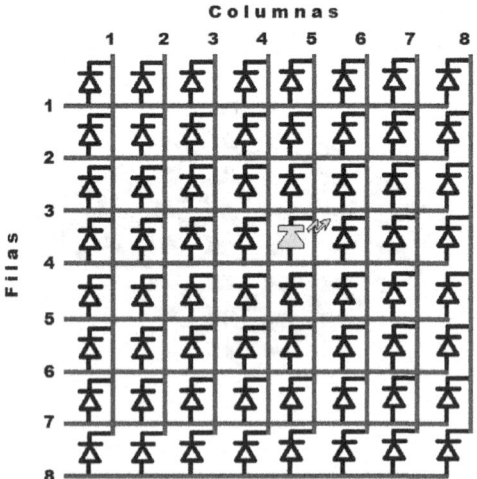

Figura 7.5. Diagrama eléctrico de la matriz de leds donde aparece resaltado (encendido en la práctica) el led que se ubica en la quinta columna y cuarta fila. La aplicación de tensión coordinada en dicha fila y columna provoca el encendido del led correspondiente.

Entonces, es posible disponer un pin de la placa Arduino en cada fila y cada columna para controlar cada led individualmente y formar los números, letras o símbolos que sean necesarios. Esto, lógicamente, implica que se precisan, al menos, 16 pines de control por módulo o matriz de leds.

Aquí es donde entra en juego el MAX7219 (o cualquier otro circuito integrado que realice la función que se analiza a continuación). El MAX7219 es un magnífico circuito integrado capaz de controlar hasta 64 leds; o bien de controlar hasta 8 dígitos (displays) de 7 segmentos más el punto en cada uno de ellos (un display de siete segmentos cuenta con 8 leds).

Figura 7.6. Cada segmento del display es un led que se controla individualmente. Para escribir el número 1 basta con encender los leds del lado derecho (en la práctica, esos leds se denominan segmentos "b" y "c"); mientras que para representar el número 7 se deberían encender los segmentos "a", "b" y "c".

Este control individual de 64 leds con un MAX7219 se puede realizar utilizando solamente 3 pines de la placa Arduino. Entonces, veamos algunas de sus ventajas:

- ▶ **Interfaz de control serie**: con tan solo 3 pines es posible controlar toda una matriz de leds.

- ▶ **Circuito externo simple**: requiere pocos componentes externos.

- ▶ **Conexión en cascada**: se pueden conectar varios MAX7219 en cascada. De esta forma, es posible controlar varias matrices led utilizando solo 3 pines de la placa Arduino.

- ▶ **Modo de bajo consumo**: puede consumir solo 120 µA (microamperes).

El circuito integrado MAX7219 se controla mediante 3 pines, como ya mencionamos. Estos se denominan: Din (por Data Input), CLK (por clock o reloj) y LOAD (este pin también se suele identificar como CS o chip select). Para entender el funcionamiento, podemos pensar que conectamos al MAX7219 una gran fila de lámparas (64 para ser exactos). Todas están apagadas en el arranque. Luego encendemos el circuito y, en el primer ciclo de reloj (pulso de reloj), conectamos el pin Data Input a un 1 lógico (o tensión positiva). Entonces, la primera lámpara (lámpara 1) de la fila se enciende mientras las restantes 63 permanecen apagadas. En el siguiente pulso de reloj, colocamos en Din un 0 lógico (cero tensión o cero voltios). La segunda lámpara (lámpara 2) se enciende mientras que la primera se apaga. En el siguiente pulso de reloj, seguimos teniendo un 0 lógico en Data Input. Entonces la tercera lámpara se enciende mientras que la primera y la segunda permanecen apagadas. Si volvemos a dar tensión en Din en el siguiente pulso de reloj (cuarto pulso), se encenderá la lámpara número 4, se apagará la 3, la 2 permanecerá apagada y ahora se prenderá la 1. El resultado puede verse en la **Figura 1.7.**:

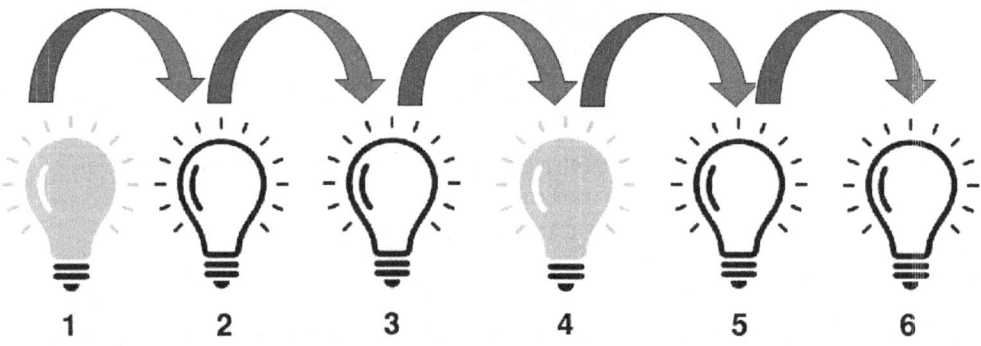

Figura 7.7. Con cada pulso de reloj, el dato colocado en el pin Data Input (Din) "avanza" en la fila de posiciones del "cerebro" del circuito integrado.

Si a esta fila de 64 posiciones la dividimos en grupos de 8 posiciones y colocamos cada uno arriba de otro, tendremos una matriz de 8x8 controlada por solamente 3 pines (**Figura 1.8.**):

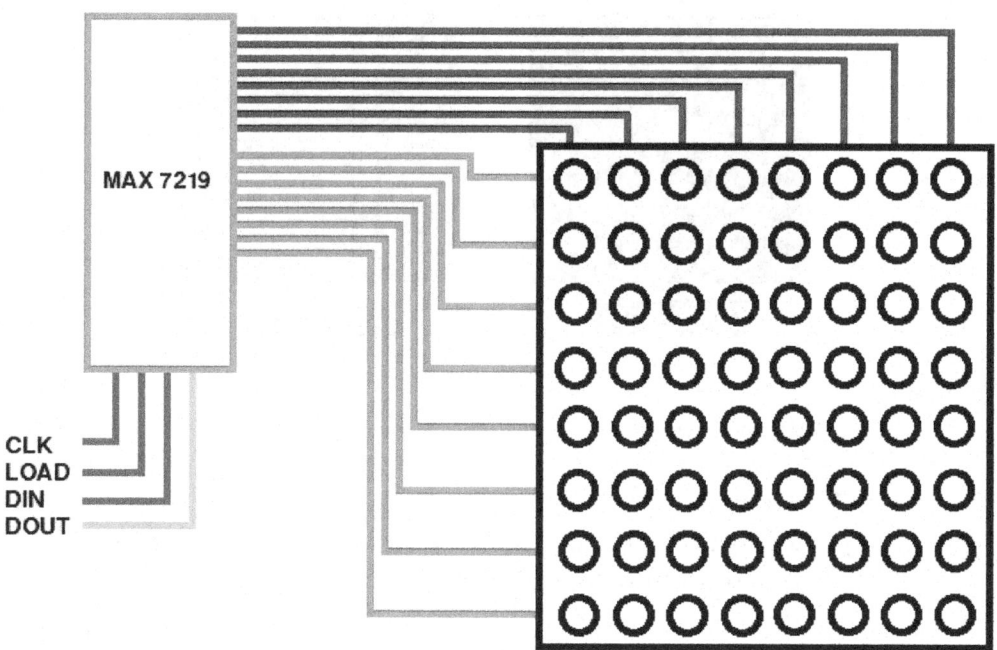

Figura 7.8. El circuito integrado dispone de 3 pines de control para manejar hasta 64 leds de manera simultánea, lo que permite ahorrar muchos recursos a la hora de utilizar una placa Arduino.

En la imagen anterior se observa un cuarto pin denominado Dout; es el **Data Out** o salida de datos. Pensemos que con el pulso número 65 del reloj, el primer dato ingresado saldrá de la fila ya que llegó al final de ella. Pero si disponemos un nuevo módulo o matriz de led (módulo 2) que se controle mediante otro MAX7219 y en cuyo Din conectamos el Dout del módulo 1, tendremos una disposición tipo "cascada", y con el mismo reloj podremos controlar ambos módulos. Es decir, ahora el módulo 1 es el que proporciona la información para el módulo 2, y ese primer dato que recibe el módulo 2 es el primer dato que se había enviado al módulo 1 al inicio del reloj (Figura 1.9.).

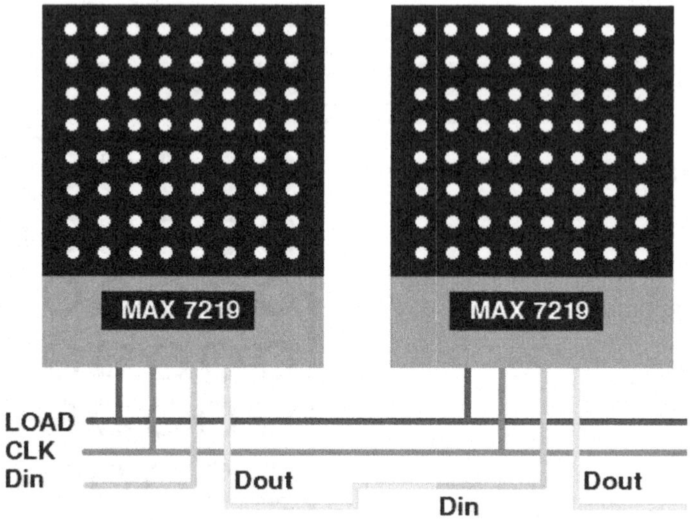

Figura 7.9. La conexión en cascada es muy simple. La salida de datos del primer
módulo se conecta en la salida del segundo, y así sucesivamente.

De esta manera, es posible colocar tantos módulos como sean necesarios y armar un panel de cualquier longitud. Solo habrá que tener en cuenta la fuente de alimentación necesaria y la estructura para soportarlo. ¡Nada más!

Aunque en la imagen anterior no se observa, existen algunos módulos con acceso al pin 18 del circuito integrado MAX7219, denominado **Iset**. Este pin se usa para regular la corriente que circulará por los leds y así modificar su brillo. Sabemos que un led necesita la circulación de una cierta cantidad de corriente mínima para encenderse o brillar, y al variarla, se puede lograr un mayor o menor brillo. Una corriente en exceso destruirá al led, y una corriente inferior a la necesaria será insuficiente para encenderlo. Las cantidades mínima y máxima se especifican en las hojas de datos de cada led, pero en general, casi todos necesitan entre 15 y 20 miliamperes para encender.

Este pin del circuito integrado MAX7219 se puede utilizar, por ejemplo, para controlar la corriente (y, por lo tanto, el brillo) y lograr más o menos brillo según la luz ambiente, utilizando una combinación de resistencia y fotorresistencia de manera que trabaje automáticamente.

En general, los módulos disponibles y más económicos no cuentan con acceso a este pin; la corriente configurada viene ya definida para brindar un brillo suficientemente alto para que se pueda leer, incluso, durante el día, por lo que en este e-book nos centraremos en el uso de módulos sin acceso a dicho pin y sin necesidad de controlar la corriente de los leds.

Y hablando de corriente, es de suma importancia considerar que, habiendo tantos leds con posibilidad de encenderse simultáneamente, hay que hacer un cálculo simple de la cantidad de corriente necesaria para utilizar el tablero completo. En primer lugar, necesitamos saber cuánta corriente requiere cada módulo y, luego, bastará con multiplicar ese valor por la cantidad de módulos que se utilizarán. Es posible obtener esta información de la hoja de datos del módulo, ya que viene especificada junto a otros parámetros técnicos, como dimensiones físicas u otros. En caso de no disponer de la hoja de datos, podemos usar valores considerados "estándar" (sin serlo ciertamente). Un módulo basado en el chip MAX7219 puede tener un consumo desde 320 miliamperes (0,32A) hasta 2 amperes. Teniendo en cuenta estos valores, la fuente de energía tiene que ser capaz de proporcionar, para un tablero de cuatro módulos, un mínimo de 1,2 A y hasta 8 A como máximo considerando una tensión de trabajo de 4,5 a 5,5 voltios.

Esto nos indica, y nos advierte, que no pueden realizarse pruebas utilizando el puerto USB del ordenador para verificar el proyecto completo o con demasiados módulos. La tensión de un puerto USB de un ordenador es de 5 voltios, y la corriente que puede suministrar depende de la generación o tipo de puerto. Actualmente, se han estandarizado 500 mA de corriente como máximo para USB 1.1, USB 2.0 y USB 3.0.

Es muy importante no conectar el proyecto a un puerto USB del ordenador para probarlo, ya que podríamos dañarlo de manera irremediable.

Habiendo realizado esta advertencia, avancemos con el proyecto y analicemos los pasos necesarios para "dibujar" una letra, número o símbolo en la matriz de leds.

Por ejemplo, para escribir la letra A necesitamos encender los siguientes leds de la matriz:

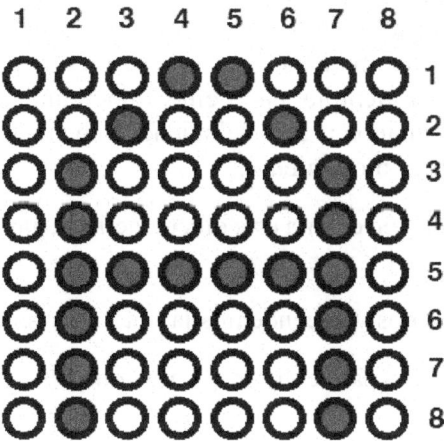

Figura 7.10. Para exhibir la letra A, se deben encender algunos leds y dejar apagado el resto. El consumo de corriente, por lo tanto, no será el máximo indicado en la hoja de datos del módulo.

Esto nos plantea un problema: para indicar que se enciendan los leds de la primera fila, tenemos que habilitar la corriente en la fila 1 y columnas 4 y 5. Si ahora indicamos que se enciendan los leds de la fila 2, tenemos que habilitar la corriente en las columnas 3 y 6. Si mantenemos la corriente o conexión de la fila 1, el resultado será el siguiente (**Figura 1.11.**):

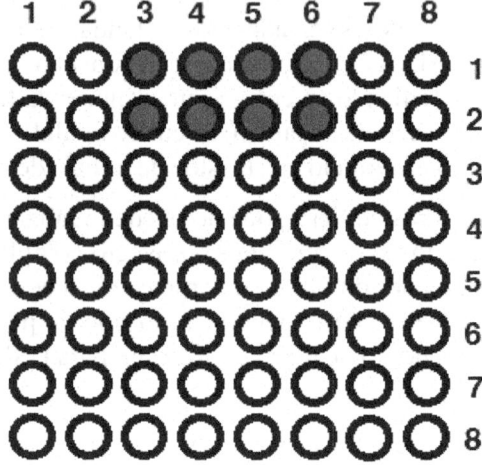

Figura 7.11. Al indicar que se enciendan los leds de las filas 1 y 2, y las columnas 3, 4, 5 y 6, ¡se forma un bloque!

Pero, entonces, ¿cómo debemos construir/dibujar la letra A?

Esto se resuelve aprovechando una característica física humana denominada efecto de persistencia visual o persistencia retiniana. Este efecto es resultado de la condición del sistema óptico humano, que retiene una imagen por una fracción de segundo, y se emplea, por ejemplo, en el cine, donde una secuencia de cuadros de imágenes estáticas presentados a una velocidad conveniente genera la ilusión de estar viendo una imagen en movimiento.

Entonces, teniendo en cuenta este efecto, activaremos la fila 1 y las columnas 4 y 5.

Luego, las apagamos y encendemos la fila 2 y las columnas 3 y 6.

Y así sucesivamente para exhibir la letra completa.

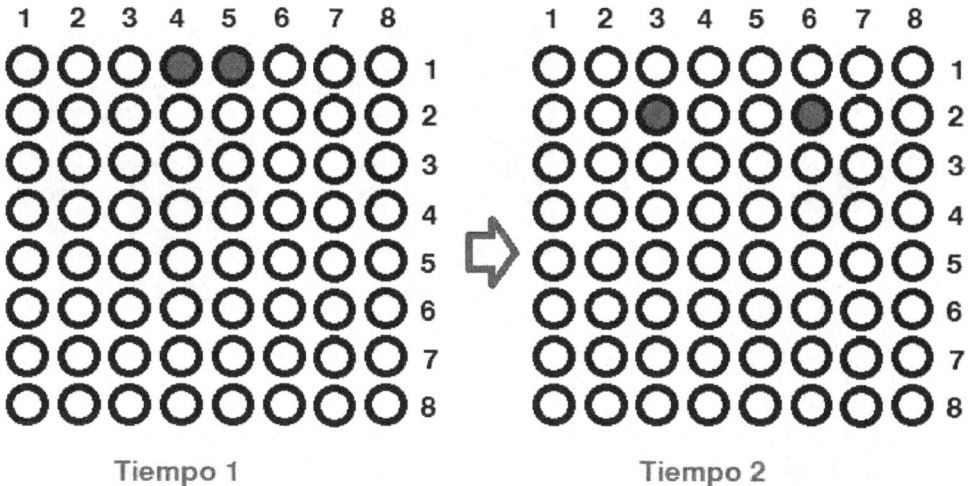

Figura 7.12. Secuencia de encendido de las filas 1 y 2 y las columnas 4-5 y 3-6 para formar la letra A.

Ahora bien, esta complejidad del manejo de filas, columnas y tiempos de encendido y apagado no será un problema, ya que son parámetros controlados por el circuito integrado MAX7219. Solo tenemos que indicarle la información y el módulo trabajará automáticamente.

7.3 ARDUINO NANO

El cerebro de este proyecto será, una vez más, la placa Arduino Nano. Puedes encontrar referencias a ella y sus características en los volúmenes 1 y 2 de **Arduino, Proyectos prácticos**. La versatilidad y la potencia de esta placa son ideales para este proyecto, además de ser económica y de tamaño reducido.

7.4 CONEXIONES

Las conexiones son realmente muy simples. La **Figura 1.13**. muestra la conexión en serie de los módulos/matrices led, y la conexión a la placa Arduino es igual de simple, con solo tres cables: uno va conectado a la salida que brindará la señal de reloj, otro al pin de datos y el tercero es para habilitar los módulos (chip select o LOAD). Veamos un ejemplo:

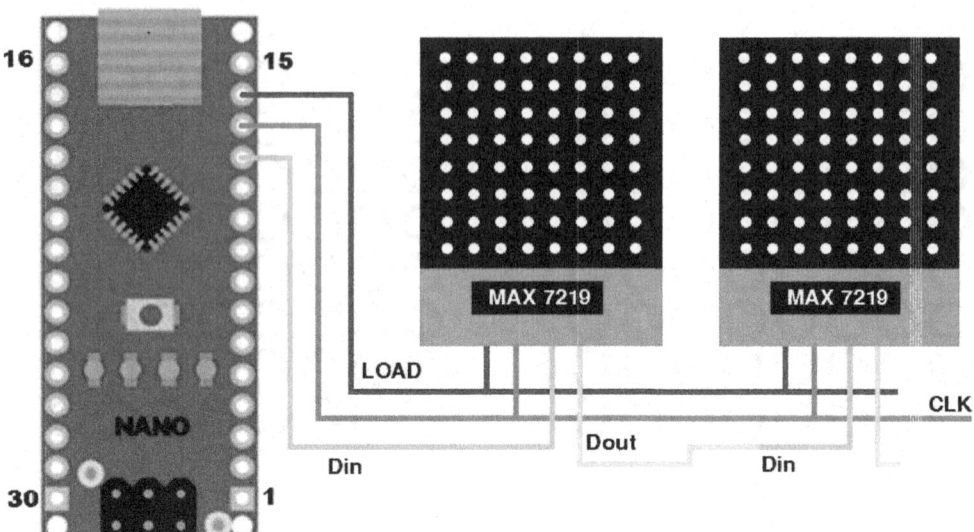

Figura 7.13. Conexión entre la placa Arduino Nano y dos matrices led de 8x8. Solo se requieren tres pines y tres cables para controlar una cadena de módulos.

Los pines se pueden elegir libremente, basta con indicarlos en el código a la librería, como ya vimos y repasaremos a continuación.

7.5 CÓDIGO

Ya describimos todo el hardware necesario para el panel de mensajes; veamos ahora el código necesario.

Si bien el chip MAX7219 será el responsable de controlar cada led individualmente, necesita un mínimo de información para funcionar, como el texto que deseamos mostrar y si queremos aplicar algún efecto, como desplazamiento, destello (blink o parpadeo), etc. Esa información debe proporcionarse mediante la placa Arduino, obviamente, y para hacerlo utilizaremos una librería.

Existen muchas librerías para manejar estos módulos. Diferentes autores han desarrollado suficiente software como para elegir el que nos resulte más cómodo. Existen librerías gratuitas y librerías de pago. Para este proyecto utilizaremos **LedControl.h**, que puede instalarse gratuitamente en el IDE de Arduino. Esta librería se usa, en realidad, para el control de displays de siete segmentos, pero dado que es gratuita, se incluye en el IDE (solo hay que instalarla) y es muy simple de utilizar.

Como indicamos anteriormente, se crea el objeto **Mx**, cuyos pines de control se indican con las constantes enteras DIN_PIN, CLK_PIN y CS_PIN. Cualquier pin de la placa Arduino se puede seleccionar para realizar esta tarea. Por ejemplo, en la siguiente configuración se emplean los pines 9, 10 y 11 de la placa Nano:

```
#include <LedControl.h>

// Pines de conexión al MAX7219
const int DIN_PIN = 9;
const int CLK_PIN = 10;
const int CS_PIN = 11;


// Inicializar el objeto MAX7219
// 1 matriz conectada
LedControl Mx = LedControl(DIN_PIN, CLK_PIN, CS_PIN, 1);
```

Se declara que existen cuatro módulos o matrices led conectadas en cascada, y ya está lista para trabajar.

Dado que la librería es gratuita, y en caso de que el IDE instalado no la incluya, se puede descargar desde el *este enlace*, donde, además, hay documentación, ejemplos y hasta el código correspondiente.

Veamos un primer ejemplo. Aquí encendemos un led en la primera posición, o posición 0, 0 (esquina superior izquierda del módulo) de la primera matriz del tablero. Esperamos un segundo y borramos. Este primer código solo enciende y apaga ese led:

```
void loop() {
    // Encender el LED de la primera matriz (0)
    // en la posición (0, 0)
    Mx.setLed(0, 0, 0, true);
    // Esperar un segundo
    delay(1000);
// Apagar todo
    Mx.clearDisplay(0);
    // Esperar un segundo
    delay(1000);
}

//Fin del programa
```

Como vemos, la librería permite indicar que se encienda o apague cada led de cada matriz de manera individual. Si quisiéramos encender el led de la matriz 3 en la posición fila 4, columna 5, deberíamos cargar el siguiente código:

```
// Inicializar el objeto MAX7219
// 5 matrices conectada
LedControl Mx = LedControl(DIN_PIN, CLK_PIN, CS_PIN, 5);

void loop() {
    // Encender el LED de la primera matriz (0)
    // en la posición (0, 0)
    Mx.setLed(3, 4, 5, true);
    // Esperar un segundo
    delay(1000);
    // Apagar todo
    Mx.clearDisplay(0);
    // Esperar un segundo
    delay(1000);
}


//Fin del programa
```

Ahora bien, escribir una letra es algo complejo si pensamos que tenemos que escribir led por led, y aquí es donde entra en juego una de las funciones de la librería, que nos facilitará la tarea. Utilizaremos la función **setRow**, que permite escribir una fila completa. Veamos un ejemplo:

```
//Encender el primer led de la fila 1 matriz 1
Mx.setRow(0, 0, B00000001);

//Encender el primer led de la fila 1 matriz 2
Mx.setRow(1, 0, B00000001);

//Encender el primer led de la fila 5 matriz 2
Mx.setRow(1, 4, B00000001);
```

Debemos tener en cuenta que la numeración inicia en 0, por eso se indica la matriz 1 con un 0 y la matriz 2 con un 1. Lo mismo sucede con las filas y columnas, la fila 1 se indica con 0 y la fila 5 con un 4.

Además, tenemos **B00000001**, que indica un dato binario (por eso la B) y, luego, cuáles leds quedarán apagados (0) o encendidos (1). Entonces podemos crear cualquier símbolo, letra, tipografía, etc. En el siguiente código escribimos una letra A:

```
//Encender leds para exhibir una letra A
Mx.setRow(0, 0, B00011000);
Mx.setRow(0, 1, B00100100);
Mx.setRow(0, 2, B01000010);
```

```
Mx.setRow(0, 3, B10000001);
Mx.setRow(0, 4, B11111111);
Mx.setRow(0, 5, B10000001);
Mx.setRow(0, 6, B10000001);
Mx.setRow(0, 7, B10000001);
```

Como vemos, la libertad para diseñar los caracteres es total. Solo tenemos que decirle al módulo cómo queremos que los muestre. Si deseamos cambiar la orientación, cambiamos el diseño y así podremos adecuar el texto a la ubicación/orientación física que se dio a las matrices:

```
//Encender leds para exhibir una letra A
Mx.setRow(0, 0, B11111000);
Mx.setRow(0, 1, B00010100);
Mx.setRow(0, 2, B00010010);
Mx.setRow(0, 3, B00010001);
Mx.setRow(0, 4, B00010001);
Mx.setRow(0, 5, B00010010);
Mx.setRow(0, 6, B00010100);
Mx.setRow(0, 7, B11111000);
```

En el final de este capítulo, en el apéndice, se incluye el código para conformar cada letra. Es posible copiarlo y pegarlo para facilitar la tarea de escribir mensajes en cualquier tablero. Bastará con copiar las letras necesarias para el mensaje por exhibir, y listo; o bien construir o adaptar, modificar o rescribir cada carácter como acabamos de ver para darle nuestro toque personal.

El siguiente código muestra cómo escribir **HOLA** en un tablero de cuatro matrices led, cada uno de los cuales recibirá una letra:

```
#include <LedControl.h>

// Definir el número de matrices LED
// conectadas en cascada, en este caso: 4
const int numDevices = 4;

// Definir los pines para DIN, CLK y LOAD
const int DIN_PIN = 9;
const int CLK_PIN = 10;
const int LOAD_PIN = 11;

// Crear un objeto LedControl
LedControl Mx = LedControl(DIN_PIN, CLK_PIN, LOAD_PIN, numDevices);

void setup() {
  // Inicializar las matrices LED
```

```
    Mx.shutdown(0, false);
    Mx.shutdown(1, false);
    Mx.shutdown(2, false);
    Mx.shutdown(3, false);
    // Establecer la intensidad del brillo (0-15)
    Mx.setIntensity(0, 8);
    Mx.setIntensity(1, 8);
    Mx.setIntensity(2, 8);
    Mx.setIntensity(3, 8);
    // Limpiar las pantallas
    Mx.clearDisplay(0);
    Mx.clearDisplay(1);
    Mx.clearDisplay(2);
    Mx.clearDisplay(3);

    // Mostrar las siguientes letras
    LetraH;
    LetraO;
    LetraL;
    LetraA;
}

void LetraH(){
  // Mostrar la letra 'H'
  Mx.setRow(3, 0, B00000000);
  Mx.setRow(3, 1, B11111111);
  Mx.setRow(3, 2, B00001000);
  Mx.setRow(3, 3, B00001000);
  Mx.setRow(3, 4, B00001000);
  Mx.setRow(3, 5, B11111111);
  Mx.setRow(3, 6, B00000000);
  Mx.setRow(3, 7, B00000000);
}

void LetraO(){
  // Mostrar la letra 'O'
  Mx.setRow(2, 0, B00000000);
  Mx.setRow(2, 1, B01111110);
  Mx.setRow(2, 2, B10000001);
  Mx.setRow(2, 3, B10000001);
  Mx.setRow(2, 4, B10000001);
  Mx.setRow(2, 5, B10000001);
  Mx.setRow(2, 6, B01111110);
  Mx.setRow(2, 7, B00000000);
}
```

```
void LetraL(){
  // Mostrar la letra 'L'
  Mx.setRow(1, 0, B00000000);
  Mx.setRow(1, 1, B11111111);
  Mx.setRow(1, 2, B10000000);
  Mx.setRow(1, 3, B10000000);
  Mx.setRow(1, 4, B10000000);
  Mx.setRow(1, 5, B10000000);
  Mx.setRow(1, 6, B10000000);
  Mx.setRow(1, 7, B00000000);
}

void LetraA(){
  // Mostrar la letra 'A'
  Mx.setRow(0, 0, B00000000);
  Mx.setRow(0, 1, B11111100);
  Mx.setRow(0, 2, B00010010);
  Mx.setRow(0, 3, B00010001);
  Mx.setRow(0, 4, B00010001);
  Mx.setRow(0, 5, B00010010);
  Mx.setRow(0, 6, B11111100);
  Mx.setRow(0, 7, B00000000);
}

void loop() {
  //Aquí se pueden incluir otras acciones
}
```

Para este código, es preciso considerar lo siguiente. Primero, que las matrices están dispuestas en cascada, son 4 y el último módulo en el código es el 3, mientras que el primero es el 0. Segundo, que la codificación implica cierta orientación de los módulos, de manera que las letras no se muestren invertidas e ilegibles. Por último, que el brillo se puede modificar a gusto y se indicó con un valor intermedio, aunque es posible modificarlo según las necesidades del proyecto (poca o mucha luz ambiente).

En el ejemplo anterior, además, en la sección de configuración (setup) se indican cuatro instrucciones repetidas, solo con la diferencia del número de módulo o matriz. Esto está escrito así solamente con fines ilustrativos y didácticos, pero también es posible usar un bucle **for** que simplifique el código:

```
// Borrar las matrices 1 a 4.
for (int i=0; i<4; i++) {

  Mx.clearDisplay(i);
}
```

7.6 IMPORTANTE

Cabe reiterar que la fuente de energía para este proyecto debe ser acorde a la cantidad de módulos, y no debe utilizarse un puerto USB de un ordenador de escritorio o notebook, ya que podría dañarse de manera irremediable.

En el comercio existen adaptadores de red que se pueden emplear para efectuar las pruebas necesarias hasta dejar el proyecto terminado o definitivo con su propia fuente. También pueden realizarse pruebas con algunos cargadores de celular y/o tablets que disponen de buena potencia. Bastará con verificar que provean la cantidad de amperes requeridos, como se explicó anteriormente.

7.7 PROBLEMAS Y SOLUCIONES

Como en todo proyecto, es posible encontrarnos con algunas fallas de funcionamiento del sistema al encenderlo por primera vez. Las más comunes son siempre las de conexiones o cableado. Entonces, debemos verificar cada conexión en detalle antes de pasar al encendido, para evitar falsos contactos o cortocircuitos. En general, los falsos contactos solo provocan fallas de operación. En cambio, los cortocircuitos pueden provocar daños irreversibles en uno o en todos los componentes del proyecto, obligando a reemplazar la pieza dañada. Los problemas listados a continuación son frecuentes, por lo que puede haber algunos repetidos con respecto a e-books anteriores.

- ▶ **Problema**: el sistema está enchufado y encendido pero no se presenta o reproduce ningún mensaje.

- ▶ **Solución**: verificar que la alimentación de los módulos esté correctamente conectada y comprobar las polaridades de la fuente. Controlar que el voltaje aplicado a los módulos sea de 5 voltios y con los amperes acordes a la cantidad de módulos.

- ▶ **Problema**: el sistema está enchufado y encendido, las conexiones son correctas y la fuente es acorde a la cantidad de módulos, pero no se presenta o reproduce ningún mensaje.

- ▶ **Solución**: verificar que los pines de control estén conectados correctamente. Los pines Din, Dout, CS/LOAD y CLK no son intercambiables y son los que controlan el sistema. Un falso contacto o conexión incorrecta es suficiente para que todo el sistema falle.

▶ **Problema**: el sistema está enchufado y encendido, las conexiones son correctas, pero no se reproduce ningún mensaje.

▶ **Solución**: verificar que en el código no se indique apagar las matrices. La instrucción:

```
Mx.shutdown(0, false); //Encender módulo 1
```

se debe indicar para cada módulo, de manera que no estén apagados.

▶ **Problema**: el sistema funciona pero las letras se sobrescriben y el mensaje se torna ininteligible.

▶ **Solución**: esta falla se produce porque, luego de indicar la escritura de una nueva letra, no se borra la anterior. Para que la siguiente letra sea legible, es preciso borrar la anterior antes de escribir la siguiente. Para esto se utiliza la siguiente instrucción:

```
Mx.clearDisplay(n); // Borrar matriz 'n'
```

donde **n** es el número de matriz que se desea borrar.

7.8 LETRAS Y NÚMEROS

La posición física de los módulos led puede provocar que las letras se exhiban invertidas según cómo se haya ubicado cada matriz. Esto implica que, o bien rotamos la matriz a una posición en que la letra pueda leerse, o bien modificamos el código para que se rote por software. Las letras y números listados a continuación han sido conformadas para una disposición de prueba en laboratorio, pero no es la única y, por supuesto, puede ajustarse a las necesidades de cualquier proyecto. Todo el código siguiente está escrito para el primer panel del tablero y, por lo tanto, basta con indicar el número de módulo para poder usarlo según dónde se necesite. Para utilizarlos, simplemente hay que copiar y pegar las letras o números correspondientes e invocarlos en el código como vimos anteriormente:

```
void LetraA(){
  // Mostrar la letra 'A'
  Mx.setRow(0, 0, B00011000);
  Mx.setRow(0, 1, B00100100);
  Mx.setRow(0, 2, B01000010);
  Mx.setRow(0, 3, B10000001);
  Mx.setRow(0, 4, B11111111);
  Mx.setRow(0, 5, B10000001);
  Mx.setRow(0, 6, B10000001);
```

```
    Mx.setRow(0, 7, B10000001);
}

void LetraB(){
  // Mostrar la letra 'B'
  Mx.setRow(0, 0, B11111100);
  Mx.setRow(0, 1, B10000010);
  Mx.setRow(0, 2, B10000001);
  Mx.setRow(0, 3, B11111110);
  Mx.setRow(0, 4, B10000001);
  Mx.setRow(0, 5, B10000001);
  Mx.setRow(0, 6, B10000010);
  Mx.setRow(0, 7, B11111100);
}

void LetraC(){
  // Mostrar la letra 'C'
  Mx.setRow(0, 0, B01111100);
  Mx.setRow(0, 1, B10000010);
  Mx.setRow(0, 2, B10000000);
  Mx.setRow(0, 3, B10000000);
  Mx.setRow(0, 4, B10000000);
  Mx.setRow(0, 5, B10000000);
  Mx.setRow(0, 6, B10000010);
  Mx.setRow(0, 7, B01111100);
}

void LetraD(){
  // Mostrar la letra 'D'
  Mx.setRow(0, 0, B11111000);
  Mx.setRow(0, 1, B10000100);
  Mx.setRow(0, 2, B10000010);
  Mx.setRow(0, 3, B10000001);
  Mx.setRow(0, 4, B10000001);
  Mx.setRow(0, 5, B10000010);
  Mx.setRow(0, 6, B10000100);
  Mx.setRow(0, 7, B11111000);
}

void LetraE(){
  // Mostrar la letra 'E'
  Mx.setRow(0, 0, B11111111);
  Mx.setRow(0, 1, B10000000);
  Mx.setRow(0, 2, B10000000);
```

```
  Mx.setRow(0, 3, B11111100);
  Mx.setRow(0, 4, B10000000);
  Mx.setRow(0, 5, B10000000);
  Mx.setRow(0, 6, B10000000);
  Mx.setRow(0, 7, B11111111);
}

void LetraF(){
  // Mostrar la letra 'F'
  Mx.setRow(0, 0, B11111111);
  Mx.setRow(0, 1, B10000000);
  Mx.setRow(0, 2, B10000000);
  Mx.setRow(0, 3, B11111100);
  Mx.setRow(0, 4, B10000000);
  Mx.setRow(0, 5, B10000000);
  Mx.setRow(0, 6, B10000000);
  Mx.setRow(0, 7, B10000000);
}

void LetraG(){
  // Mostrar la letra 'G'
  Mx.setRow(0, 0, B01111110);
  Mx.setRow(0, 1, B10000000);
  Mx.setRow(0, 2, B10000000);
  Mx.setRow(0, 3, B10111110);
  Mx.setRow(0, 4, B10000001);
  Mx.setRow(0, 5, B10000001);
  Mx.setRow(0, 6, B10000010);
  Mx.setRow(0, 7, B01111100);
}

void LetraH(){
  // Mostrar la letra 'H'
  Mx.setRow(0, 0, B10000001);
  Mx.setRow(0, 1, B10000001);
  Mx.setRow(0, 2, B10000001);
  Mx.setRow(0, 3, B11111111);
  Mx.setRow(0, 4, B10000001);
  Mx.setRow(0, 5, B10000001);
  Mx.setRow(0, 6, B10000001);
  Mx.setRow(0, 7, B10000001);
}

void LetraI(){
```

```
   // Mostrar la letra 'I'
   Mx.setRow(0, 0, B00111100);
   Mx.setRow(0, 1, B00001000);
   Mx.setRow(0, 2, B00001000);
   Mx.setRow(0, 3, B00001000);
   Mx.setRow(0, 4, B00001000);
   Mx.setRow(0, 5, B00001000);
   Mx.setRow(0, 6, B00001000);
   Mx.setRow(0, 7, B01111110);
}

void LetraJ(){
   // Mostrar la letra 'J'
   Mx.setRow(0, 0, B00000111);
   Mx.setRow(0, 1, B00000001);
   Mx.setRow(0, 2, B00000001);
   Mx.setRow(0, 3, B00000001);
   Mx.setRow(0, 4, B00000001);
   Mx.setRow(0, 5, B10000001);
   Mx.setRow(0, 6, B01000010);
   Mx.setRow(0, 7, B00111100);
}

void LetraK(){
   // Mostrar la letra 'K'
   Mx.setRow(0, 0, B10000000);
   Mx.setRow(0, 1, B10000001);
   Mx.setRow(0, 2, B10000010);
   Mx.setRow(0, 3, B10000100);
   Mx.setRow(0, 4, B11111000);
   Mx.setRow(0, 5, B10000100);
   Mx.setRow(0, 6, B10000010);
   Mx.setRow(0, 7, B10000001);
}

void LetraL(){
   // Mostrar la letra 'L'
   Mx.setRow(0, 0, B10000000);
   Mx.setRow(0, 1, B10000000);
   Mx.setRow(0, 2, B10000000);
   Mx.setRow(0, 3, B10000000);
   Mx.setRow(0, 4, B10000000);
   Mx.setRow(0, 5, B10000000);
   Mx.setRow(0, 6, B10000000);
```

```
  Mx.setRow(0, 7, B11111110);
}

void LetraM(){
  // Mostrar la letra 'M'
  Mx.setRow(0, 0, B10000001);
  Mx.setRow(0, 1, B11000011);
  Mx.setRow(0, 2, B10100101);
  Mx.setRow(0, 3, B10011001);
  Mx.setRow(0, 4, B10001001);
  Mx.setRow(0, 5, B10000001);
  Mx.setRow(0, 6, B10000001);
  Mx.setRow(0, 7, B10000001);
}

void LetraN(){
  // Mostrar la letra 'N'
  Mx.setRow(0, 0, B10000001);
  Mx.setRow(0, 1, B11000001);
  Mx.setRow(0, 2, B10100001);
  Mx.setRow(0, 3, B10010001);
  Mx.setRow(0, 4, B10001001);
  Mx.setRow(0, 5, B10000101);
  Mx.setRow(0, 6, B10000011);
  Mx.setRow(0, 7, B10000001);
}

void LetraEnie() {
  // Mostrar la letra 'Ñ', el compilador NO lo
  // reconoce pero se puede crear en la matriz
  Mx.setRow(0, 0, B00111100);
  Mx.setRow(0, 1, B10000001);
  Mx.setRow(0, 2, B11000001);
  Mx.setRow(0, 3, B10100001);
  Mx.setRow(0, 4, B10010001);
  Mx.setRow(0, 5, B10001001);
  Mx.setRow(0, 6, B10000101);
  Mx.setRow(0, 7, B10000011);
}

void LetraO(){
  // Mostrar la letra 'O'
  Mx.setRow(0, 0, B00111100);
  Mx.setRow(0, 1, B01000010);
```

```
    Mx.setRow(0, 2, B10000001);
    Mx.setRow(0, 3, B10000001);
    Mx.setRow(0, 4, B10000001);
    Mx.setRow(0, 5, B10000001);
    Mx.setRow(0, 6, B01000010);
    Mx.setRow(0, 7, B00111100);
}

void LetraP(){
    // Mostrar la letra 'P'
    Mx.setRow(0, 0, B11111100);
    Mx.setRow(0, 1, B10000010);
    Mx.setRow(0, 2, B10000001);
    Mx.setRow(0, 3, B10000010);
    Mx.setRow(0, 4, B11111100);
    Mx.setRow(0, 5, B10000000);
    Mx.setRow(0, 6, B10000000);
    Mx.setRow(0, 7, B10000000);
}

void LetraQ(){
    // Mostrar la letra 'Q'
    Mx.setRow(0, 0, B00111100);
    Mx.setRow(0, 1, B01000010);
    Mx.setRow(0, 2, B10000001);
    Mx.setRow(0, 3, B10000001);
    Mx.setRow(0, 4, B10001001);
    Mx.setRow(0, 5, B10000101);
    Mx.setRow(0, 6, B01000010);
    Mx.setRow(0, 7, B00111101);
}

void LetraR(){
    // Mostrar la letra 'R'
    Mx.setRow(0, 0, B11111100);
    Mx.setRow(0, 1, B10000010);
    Mx.setRow(0, 2, B10000001);
    Mx.setRow(0, 3, B10000010);
    Mx.setRow(0, 4, B11111000);
    Mx.setRow(0, 5, B10000100);
    Mx.setRow(0, 6, B10000010);
    Mx.setRow(0, 7, B10000001);
}
```

```
void LetraS(){
  // Mostrar la letra 'S'
  Mx.setRow(0, 0, B00111100);
  Mx.setRow(0, 1, B01000010);
  Mx.setRow(0, 2, B10000000);
  Mx.setRow(0, 3, B01111100);
  Mx.setRow(0, 4, B00000010);
  Mx.setRow(0, 5, B00000001);
  Mx.setRow(0, 6, B01000010);
  Mx.setRow(0, 7, B00111100);
}

void LetraT(){
  // Mostrar la letra 'T'
  Mx.setRow(0, 0, B11111111);
  Mx.setRow(0, 1, B00010000);
  Mx.setRow(0, 2, B00010000);
  Mx.setRow(0, 3, B00010000);
  Mx.setRow(0, 4, B00010000);
  Mx.setRow(0, 5, B00010000);
  Mx.setRow(0, 6, B00010000);
  Mx.setRow(0, 7, B00010000);
}

void LetraU(){
  // Mostrar la letra 'U'
  Mx.setRow(0, 0, B10000001);
  Mx.setRow(0, 1, B10000001);
  Mx.setRow(0, 2, B10000001);
  Mx.setRow(0, 3, B10000001);
  Mx.setRow(0, 4, B10000001);
  Mx.setRow(0, 5, B10000001);
  Mx.setRow(0, 6, B01000010);
  Mx.setRow(0, 7, B00111100);
}

void LetraV(){
  // Mostrar la letra 'V'
  Mx.setRow(0, 0, B10000001);
  Mx.setRow(0, 1, B10000001);
  Mx.setRow(0, 2, B10000001);
  Mx.setRow(0, 3, B10000001);
  Mx.setRow(0, 4, B01000001);
  Mx.setRow(0, 5, B00100010);
```

```
  Mx.setRow(0, 6, B00010100);
  Mx.setRow(0, 7, B00001000);
}

void LetraW(){
  // Mostrar la letra 'W'
  Mx.setRow(0, 0, B10000000);
  Mx.setRow(0, 1, B10000001);
  Mx.setRow(0, 2, B10000001);
  Mx.setRow(0, 3, B10000001);
  Mx.setRow(0, 4, B10000001);
  Mx.setRow(0, 5, B10000010);
  Mx.setRow(0, 6, B01010100);
  Mx.setRow(0, 7, B00101000);
}

void LetraX(){
  // Mostrar la letra 'X'
  Mx.setRow(0, 0, B10000001);
  Mx.setRow(0, 1, B01000010);
  Mx.setRow(0, 2, B00100100);
  Mx.setRow(0, 3, B00011000);
  Mx.setRow(0, 4, B00011000);
  Mx.setRow(0, 5, B00100100);
  Mx.setRow(0, 6, B01000010);
  Mx.setRow(0, 7, B10000001);
}

void LetraY(){
  // Mostrar la letra 'Y'
  Mx.setRow(0, 0, B10000001);
  Mx.setRow(0, 1, B01000001);
  Mx.setRow(0, 2, B00100010);
  Mx.setRow(0, 3, B00010100);
  Mx.setRow(0, 4, B00001000);
  Mx.setRow(0, 5, B00001000);
  Mx.setRow(0, 6, B00001000);
  Mx.setRow(0, 7, B00001000);
}

void LetraZ(){
  // Mostrar la letra 'Z'
  Mx.setRow(0, 0, B11111111);
  Mx.setRow(0, 1, B10000010);
```

```
  Mx.setRow(0, 2, B00000100);
  Mx.setRow(0, 3, B00001000);
  Mx.setRow(0, 4, B00010000);
  Mx.setRow(0, 5, B00100000);
  Mx.setRow(0, 6, B01000001);
  Mx.setRow(0, 7, B11111111);
}

void Numero1(){
  // Mostrar el número '1'
  Mx.setRow(0, 0, B00001000);
  Mx.setRow(0, 1, B00011000);
  Mx.setRow(0, 2, B00101000);
  Mx.setRow(0, 3, B00001000);
  Mx.setRow(0, 4, B00001000);
  Mx.setRow(0, 5, B00001000);
  Mx.setRow(0, 6, B00001000);
  Mx.setRow(0, 7, B00111100);
}

void Numero2(){
  // Mostrar el número '2'
  Mx.setRow(0, 0, B00111000);
  Mx.setRow(0, 1, B01000100);
  Mx.setRow(0, 2, B00000010);
  Mx.setRow(0, 3, B00000100);
  Mx.setRow(0, 4, B00001000);
  Mx.setRow(0, 5, B00010000);
  Mx.setRow(0, 6, B00100001);
  Mx.setRow(0, 7, B01111111);
}

void Numero3(){
  // Mostrar el número '3'
  Mx.setRow(0, 0, B01111100);
  Mx.setRow(0, 1, B10000010);
  Mx.setRow(0, 2, B00000001);
  Mx.setRow(0, 3, B00011110);
  Mx.setRow(0, 4, B00000001);
  Mx.setRow(0, 5, B00000001);
  Mx.setRow(0, 6, B10000010);
  Mx.setRow(0, 7, B01111100);
}
```

```
void Numero4(){
  // Mostrar el número '4'
  Mx.setRow(0, 0, B00000110);
  Mx.setRow(0, 1, B00001010);
  Mx.setRow(0, 2, B00010010);
  Mx.setRow(0, 3, B00100010);
  Mx.setRow(0, 4, B01111111);
  Mx.setRow(0, 5, B00000010);
  Mx.setRow(0, 6, B00000010);
  Mx.setRow(0, 7, B00000010);
}
void Numero5(){
  // Mostrar el número '5'
  Mx.setRow(0, 0, B11111111);
  Mx.setRow(0, 1, B10000000);
  Mx.setRow(0, 2, B10000000);
  Mx.setRow(0, 3, B11111100);
  Mx.setRow(0, 4, B00000010);
  Mx.setRow(0, 5, B00000001);
  Mx.setRow(0, 6, B10000001);
  Mx.setRow(0, 7, B01111110);
}

void Numero6(){
  // Mostrar el número '6'
  Mx.setRow(0, 0, B01111110);
  Mx.setRow(0, 1, B10000001);
  Mx.setRow(0, 2, B10000000);
  Mx.setRow(0, 3, B11111110);
  Mx.setRow(0, 4, B10000001);
  Mx.setRow(0, 5, B10000001);
  Mx.setRow(0, 6, B10000010);
  Mx.setRow(0, 7, B01111100);
}

void Numero7(){
  // Mostrar el número '7'
  Mx.setRow(0, 0, B11111111);
  Mx.setRow(0, 1, B10000010);
  Mx.setRow(0, 2, B00000100);
  Mx.setRow(0, 3, B00001000);
```

```
  Mx.setRow(0, 4, B00010000);
  Mx.setRow(0, 5, B00100000);
  Mx.setRow(0, 6, B01000000);
  Mx.setRow(0, 7, B10000000);
}

void Numero8(){
  // Mostrar el número '8'
  Mx.setRow(0, 0, B01111110);
  Mx.setRow(0, 1, B10000001);
  Mx.setRow(0, 2, B10000001);
  Mx.setRow(0, 3, B01111110);
  Mx.setRow(0, 4, B10000010);
  Mx.setRow(0, 5, B10000001);
  Mx.setRow(0, 6, B10000001);
  Mx.setRow(0, 7, B01111110);
}

void Numero9(){
  // Mostrar el número '9'
  Mx.setRow(0, 0, B01111100);
  Mx.setRow(0, 1, B10000010);
  Mx.setRow(0, 2, B10000001);
  Mx.setRow(0, 3, B01000001);
  Mx.setRow(0, 4, B00111110);
  Mx.setRow(0, 5, B00000100);
  Mx.setRow(0, 6, B00001000);
  Mx.setRow(0, 7, B00110000);
}

void Numero0(){
  // Mostrar el número '0'
  Mx.setRow(0, 0, B00011000);
  Mx.setRow(0, 1, B00100100);
  Mx.setRow(0, 2, B01000010);
  Mx.setRow(0, 3, B10000001);
  Mx.setRow(0, 4, B10000001);
  Mx.setRow(0, 5, B10000001);
  Mx.setRow(0, 6, B01000010);
  Mx.setRow(0, 7, B00111100);
}
```

7.9 ACTIVIDADES

A continuación se presentan las preguntas y los ejercicios que deberías saber responder y resolver para considerar aprendido el capítulo.

7.9.1 Test de autoevaluación

1. *¿Por qué es necesario disponer de una fuente de energía de mayor potencia que la provista por un puerto USB de un ordenador o notebook?*

2. *¿Qué caracteres o símbolos no pueden ser representados en la matriz?*

3. *¿Es posible crear una matriz 32x32 utilizando módulos 8x8?*

4. *¿Se puede controlar más de una cascada o cadena de matrices led compuestas por cantidades distintas de módulos con una misma placa Arduino Nano?*

5. *¿Si se aumenta el brillo, es necesario contar con una fuente de energía más potente?*

7.9.2 Ejercicios prácticos

1. *Agrega un par de botones tales que, al presionarlos, cambie el mensaje por mostrar.*

2. *Exhibe un mensaje de texto largo que se desplace por la pantalla (este efecto se denomina scroll en inglés).*

3. *Agrega un botón pulsador para que, con cada pulsación, se modifique la velocidad de avance del texto o mensaje.*

4. *Modifica el código de una letra de manera que esta sea resaltada como si el carácter estuviera escrito en negrita.*

5. *Dibuja emojis para utilizar en cualquier texto.*

8

DETECCIÓN DE OBJETOS

Este segundo proyecto estará formado por dos propuestas sobre una misma idea: la detección de objetos. En primer lugar, desarrollaremos un bastón para la detección de obstáculos para personas no videntes, y en segundo lugar, generaremos un sistema de detección de objetos para un auto o móvil robot. En ambos casos aplicaremos la misma idea aprovechando un sensor tipo HC-SR04.

8.1 DETECCIÓN DE OBSTÁCULOS

La primera propuesta en este capítulo consiste en un sistema de detección de objetos para no videntes o personas con visión disminuida. El objetivo fundamental de este proyecto es proporcionarles una herramienta que les permita recorrer de manera más segura y autónoma su entorno. Utilizando tecnología de detección de objetos, retroalimentación auditiva y táctil, este sistema busca ser un utensilio que brinde información crucial sobre obstáculos cercanos, para que el usuario pueda tomar decisiones informadas y moverse con mayor libertad y seguridad.

Para realizar este proyecto vamos a aprovechar los conocimientos adquiridos en el Capítulo 2 del e-book **Arduino, Proyectos prácticos, Volumen 1**.

Necesitaremos una placa Arduino Nano, un sensor HC-SR04, un zumbador **piezoeléctrico** o **buzzer**, cables, un interruptor con retención para activar el sistema y una batería común de 9V.

No analizaremos los detalles de la placa Arduino Nano ni del sensor ultrasónico HC-SR04 en este capítulo, ya que estos temas se trataron en el libro mencionado. Allí se pueden consultar y obtener sus características principales, funcionamiento y demás cualidades de interés.

8.2 ZUMBADOR PIEZOELÉCTRICO O BUZZER

Este componente electrónico será el encargado de emitir un sonido relacionado a la presencia de un objeto delante del sensor para advertir al usuario. Un zumbador piezoeléctrico es un dispositivo que convierte señales eléctricas en vibraciones mecánicas, y entonces genera un sonido audible. Está compuesto, principalmente, por un material cerámico que vibra cuando se le aplica un voltaje. Esta cerámica suele estar formada por materiales como el titanato de bario (BaTiO3) o el titanato de plomo (PbTiO3) y se pueden incluir dopantes para ajustar sus propiedades y reacciones a la electricidad. Estos dos compuestos son los más utilizados en la fabricación de cerámicas piezoeléctricas debido a su alta respuesta piezoeléctrica y su estabilidad química. Tienen la capacidad de deformarse mecánicamente cuando se les aplica un campo eléctrico y, a su vez, generar un campo eléctrico cuando se les aplica una fuerza mecánica, lo que los hace ideales para aplicaciones piezoeléctricas, como la generación de sonido en los zumbadores como el que utilizaremos.

La elección del material piezoeléctrico depende de varios factores, como la frecuencia de resonancia deseada, la estabilidad térmica, la resistencia mecánica y la eficiencia piezoeléctrica requerida para la tarea específica.

Los zumbadores piezoeléctricos son ampliamente utilizados para una variedad de funciones debido a su bajo costo, tamaño compacto y eficiencia energética. Algunos de sus usos más comunes son:

- **Indicadores de alarma**: se utilizan para generar sonidos de advertencia o alerta en dispositivos como alarmas de seguridad, sistemas de detección de intrusos y alarmas de incendio.
- **Electrodomésticos**: se emplean en electrodomésticos como hornos, lavavajillas y microondas para indicar el final de un ciclo o señalar un evento importante, en particular, cuando estos disponen de teclados.
- **Electrónica de consumo**: se encuentran en dispositivos electrónicos de consumo, como relojes, juguetes y videojuegos, para proporcionar retroalimentación audible al usuario.
- **Proyectos DIY**: son muy populares en proyectos de electrónica DIY/HTM (do it yourself, hazlo tú mismo) debido a su facilidad de uso y versatilidad. Pueden usarse para indicar eventos o condiciones específicas en un proyecto.

En las siguientes imágenes se observan dos modelos comunes de zumbadores piezoeléctricos:

Figura 8.1. Zumbador piezoeléctrico para montar en una placa de circuito impreso.

Figura 8.2. Zumbador piezoeléctrico con cables para montar en un gabinete u otra ubicación.

En este proyecto se pueden utilizar los dos; el segundo modelo es más cómodo ya que incluye los cables, lo que evita tener que soldar y facilita su ubicación.

8.3 FUNCIONAMIENTO DEL PROYECTO

La idea consiste en colocar en la parte inferior de un bastón (y cercano al suelo) un sensor ultrasónico como el HC-SR04 o cualquier otro similar que será controlado por Arduino. El sensor detectará la presencia de algún objeto próximo y podrá alertar al usuario mediante un sonido que variará en frecuencia de acuerdo con la proximidad que este tenga.

Figura 8.3. Esquema/imagen alegórica del proyecto propuesto.

El primer aspecto que tendremos en cuenta es que el sistema debe ser lo más liviano posible, por lo que vamos a alimentarlo con una batería, ya que además de liviano debe ser portable, obviamente.

El segundo aspecto es que debe ser de tamaño reducido, de modo que sugerimos adquirir una placa Arduino Nano con los pines sin soldar, como el ejemplo de la siguiente figura:

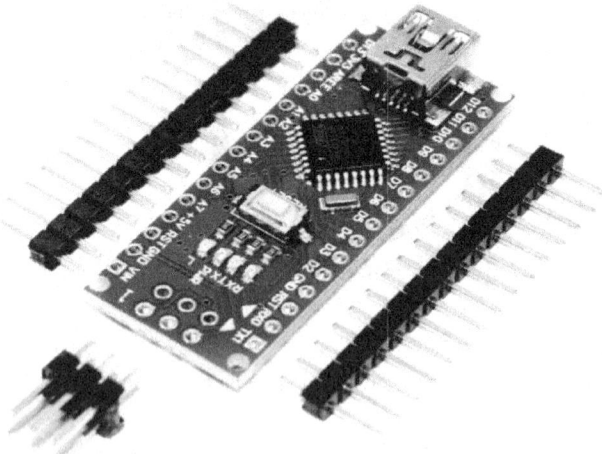

Figura 8.4. Al no tener los pines soldados en la plaqueta, nuestro Arduino posee un tamaño reducido en altura. Esos milímetros menos nos ayudarán a montar el dispositivo en un espacio mínimo.

De todas maneras, cualquier Arduino con o sin pines soldados a la placa será suficiente para este bastón, ya que los requerimientos de procesamiento sin ínfimos.

Ahora bien, sabemos que una placa Arduino necesita 5 voltios para funcionar, y sabemos también que una batería típica tiene 9 V. ¿Cómo evitamos que se dañe la placa Nano?

La respuesta está en una de las características de la familia Nano que no hemos desarrollado hasta ahora. La familia Arduino, en sus placas Nano, Uno y Mega, poseen un regulador de tensión incorporado. Esto las hace compatibles con una variedad de fuentes de alimentación y adecuadas para una amplia gama de proyectos.

En cambio, las placas Arduino Pro Mini, Arduino Micro, Arduino Atto, por mencionar las más pequeñas, no poseen este regulador, lo que nos obligaría a sumar una placa o un circuito regulador de tensión al proyecto, en caso de querer utilizar una batería de 9 V.

El regulador mencionado está conectado al pin **Vin** correspondiente al pin número 30 de la placa Arduino Nano. Para utilizar este pin **Vin** es preciso cumplir con los siguientes requisitos:

- ▼ **Voltaje de entrada dentro del rango establecido**: el pin **Vin** está diseñado para recibir un voltaje de entrada que esté dentro del rango aceptable para la placa. En el caso de la Arduino Nano, este rango suele ser de 7 V a 12 V. Si es inferior a 7 V, puede que la placa no funcione correctamente. Si es mayor a 12 V, podría dañar la placa o el regulador de voltaje.

- ▼ **Polaridad correcta**: por supuesto que es obligatorio asegurar que la polaridad de la fuente de alimentación conectada al pin **Vin** sea la correcta.

- ▼ **Estabilidad del voltaje**: la fuente de alimentación conectada al pin **Vin** debe proporcionar un voltaje estable y regulado dentro del rango especificado. Fluctuaciones significativas en el voltaje de entrada pueden afectar el funcionamiento de la placa Arduino Nano y los dispositivos conectados a ella.

- ▼ **Corriente suficiente**: la fuente de alimentación debe ser capaz de proporcionar la corriente necesaria para alimentar la placa Arduino Nano y cualquier dispositivo conectado a ella. La corriente requerida dependerá de los componentes y periféricos que estemos utilizando en cualquier proyecto.

Para utilizar el regulador incluido en las placas Nano, solo debemos conectar la batería al pin **Vin**. Como dijimos, este pin es el número 30:

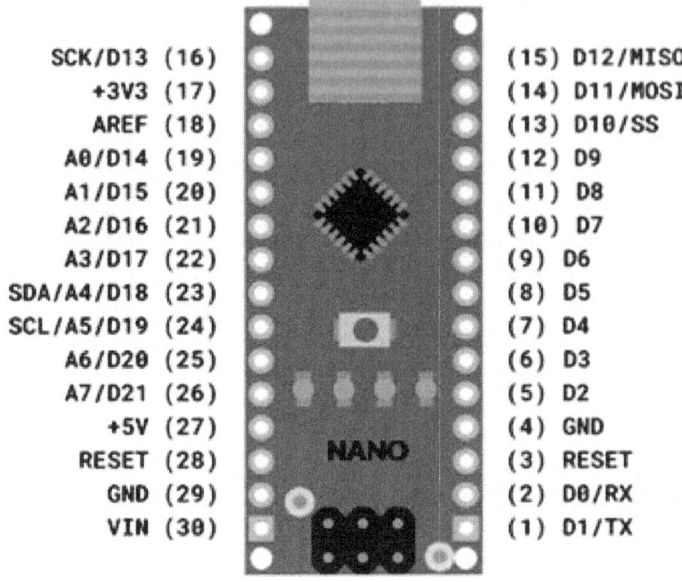

Figura 8.5. Pinout de la placa Arduino Nano. El pin número 30 es el pin Vin o de alimentación que se encuentra conectado al regulador de voltaje de la placa Arduino. Aquí conectaremos el borne positivo de la batería de 9 voltios.

Para la batería colocaremos un conector como el siguiente, que se deberá soldar en los pines 29 y 30; negativo (negro) en el pin 29 (GND) y positivo (rojo) en el pin 30 (Vin), lógicamente (**Figura 2.6.**).

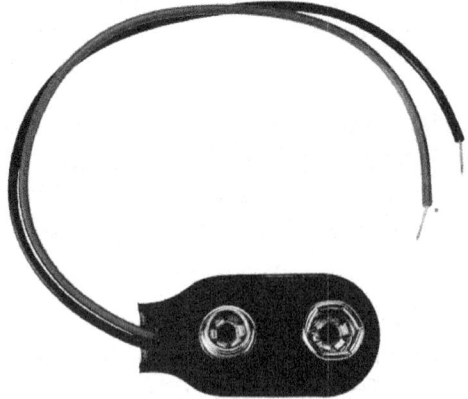

Figura 8.6. Conector típico utilizado para alimentar un proyecto con unabatería de 6 o 9 V.

8.4 CÓDIGO

Analicemos el código que resulta muy similar al del proyecto contador de objetos del e-book mencionado anteriormente. Utilizaremos una librería para hacer la tarea más fácil y adecuaremos el software para que emita un sonido acorde a la distancia de los objetos que detecte. La librería será, nuevamente, **NewPing**.

8.4.1 Librería NewPing

Utilizamos la sentencia que ya conocemos para incluir la librería **NewPing.h**:

```
#include <NewPing.h>
```

Luego configuramos la placa para definir dónde está conectado el sensor y creamos el objeto **sensor**:

```
#define TRIGGER_PIN 3 // Pin 3 del Arduino Nano
                // conectado a TRIGGER del
                        // sensor de ultrasonido
#define ECHO_PIN 2  // Pin 2 del Arduino Nano
        // conectado a conectado a
    // ECHO del sensor de HR-SC04

NewPing sensor(TRIGGER_PIN, ECHO_PIN);
```

Es decir, utilizaremos los pines D2 y D3 de la placa Arduino Nano para controlar el sensor.

Nuevamente, utilizaremos la función **ping_cm** para obtener la respuesta de la medición en centímetros y ya podemos declarar la variable necesaria e iniciar las primeras pruebas. Este módulo no necesita ser inicializado, por lo que está listo para usar. Para esto, solo precisamos una línea de código:

```
// Realizar una medición de distancia
unsigned int distancia = sensor.ping_cm();
```

En la variable **distancia** se recibirán los centímetros existentes entre el objeto y el sensor. Para convertir esa distancia en un sonido debemos mapear los posibles resultados dentro de un rango de frecuencias:

```
//Mapear la distancia y convertir en frecuencia
int frecuencia = map(distancia, 0, 100, 1000, 100);
```

Acá realizamos una operación de mapeo transformando el valor de distancia medido por el sensor en una frecuencia audible que será utilizada para generar el tono del zumbador piezoeléctrico. La función **map()** en Arduino toma un valor de entrada y lo convierte en un valor de salida en un rango específico. En este caso, toma como dato de entrada la variable distancia, que representa la distancia medida por el sensor ultrasónico. Los parámetros que utiliza esta función son:

- ▶ **distancia**: valor de entrada que se va a mapear.

- ▶ **0**: valor mínimo del rango de entrada, en este caso, la distancia mínima que puede medir el sensor (0 cm).

- ▶ **100**: valor máximo del rango de entrada, en este caso, la distancia máxima que puede medir el sensor (100 cm).

- ▶ **1000**: valor mínimo del rango de salida, que corresponde a la frecuencia más alta que se desea generar (1000 Hz).

- ▶ **100**: valor máximo del rango de salida, que corresponde a la frecuencia más baja que se desea generar (100 Hz).

Entonces, la función **map()** toma el valor de distancia, que puede estar en el rango de 0 a 100 cm, y lo mapea a un valor de frecuencia en el rango de 1000 a 100 Hz. Esto significa que, cuanto más cerca esté un objeto (menor distancia), más alta será la frecuencia del tono emitido (es decir, más agudo); y cuanto más lejos esté el objeto (mayor distancia), más baja será la frecuencia del tono (es decir, más grave). Esto proporciona una retroalimentación audible que varía en función de la distancia del objeto detectado, que es justamente lo que queremos lograr.

Ahora, el resultado de **map()** debe enviarse al zumbador, y esto se hace mediante una sola línea de código:

```
// Emitir un tono con la frecuencia mapeada
tone(BUZZER_PIN, frecuencia);
```

La función **tone()** en Arduino se utiliza para generar señales de audio en un pin específico con una frecuencia determinada.

El **BUZZER_PIN** puede ser cualquiera, y la frecuencia indicada mediante la variable de dicho nombre es la que se emitirá por ese pin para su reproducción por un **buzzer** o por un amplificador de audio conectado allí.

Cuando se llama a la función **tone()**, Arduino genera una señal PWM (modulación por ancho de pulso) en el pin especificado y con la frecuencia especificada. Esto hace que el pin produzca un tono de audio de esa frecuencia.

Veamos el código completo:

```
//Declarar librería
#include <NewPing.h>

//Definir pines de sensor
#define TRIGGER_PIN 3 // Pin 3 del Arduino Nano
    // conectado a TRIGGER del
                    // sensor de ultrasonido
#define ECHO_PIN 2    // Pin 2 del Arduino Nano
    // conectado a conectado a              // ECHO del sensor de HR-SC04

//Definir el pin para el buzzer
#define BUZZER_PIN   9

//Crear el objeto para el sensor HC-SR04
NewPing sensor(TRIGGER_PIN, ECHO_PIN);

void setup() {
  // Inicializar el buzzer como salida
  pinMode(BUZZER_PIN, OUTPUT);
}

void loop() {
  // Realizar una medición de distancia
  unsigned int distancia = sensor.ping_cm();

  // Mapear la distancia a una frecuencia audible
  int frecuencia = map(distancia,0, 200, 1000, 100);

  // Emitir un tono con la frecuencia mapeada
  tone(BUZZER_PIN, frecuencia);

  //Esperar antes de realizar la siguiente medición
  delay(100);
}

//FIN DEL PROGRAMA
```

Los valores de frecuencia seleccionados para este código son los que se utilizaron en el laboratorio mientras se realizaban las pruebas correspondientes.

Estos valores pueden ajustarse según los gustos del usuario para que el sistema resulte cómodo.

Pueden utilizarse frecuencias más altas, por ejemplo, aunque en la práctica pueden llegar a resultar molestas al oído; dependerá entonces de los gustos y necesidades del usuario. Una frecuencia más alta es más fácil de distinguir en ambientes ruidosos y de baja frecuencia.

8.5 EL CIRCUITO

El circuito es realmente muy simple porque solo requiere la conexión del sensor, de buzzer y de la batería:

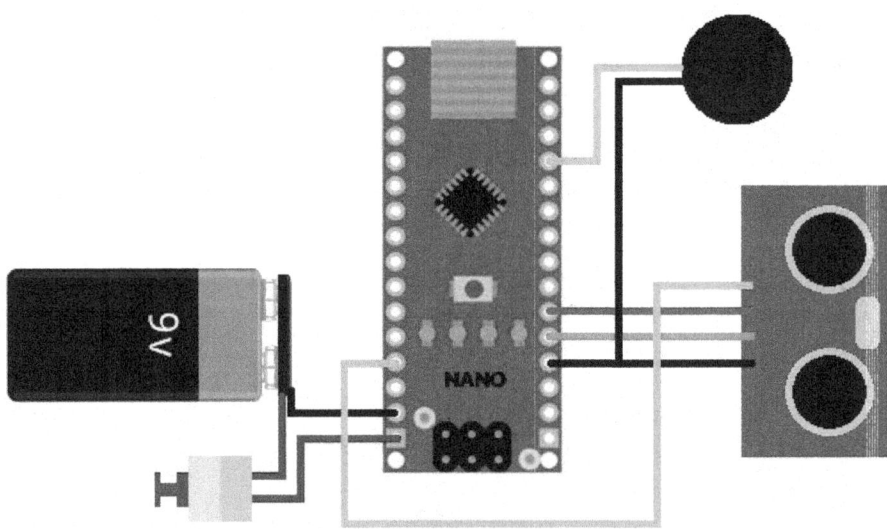

Figura 8.7. Conexiones de la placa Arduino, el sensor ultrasónico, el zumbador piezoeléctrico y la batería.

Para alimentar el sensor HC-SR04 necesitamos 5 V, que podemos obtener desde la placa Nano, ya que el pin 27 está conectado a la salida del regulador. Si bien este pin tiene 5 V, no debemos aplicarle grandes cargas puesto que solo puede proveer 50 mA. Dicha corriente es más que suficiente para el sensor que estamos utilizando, pero puede ser sumamente escasa para otros periféricos.

Por último, el interruptor sugerido debe ser con retención, de manera que permita encender y apagar el sistema para ahorrar batería cuando no se utiliza.

Figura 8.8. Interruptor típico con retención. Este modelo de interruptor es ideal por su tamaño reducido.

Idealmente, la construcción se realizará colocando el sensor en la parte inferior del bastón, mientras que la placa Arduino, la batería y el zumbador estarán en la zona del mango o empuñadura. Esta disposición tiene como objetivo evitar que se aplique peso en la punta del bastón, lo que podría causar fatiga o incomodidad en la muñeca del usuario debido a la carga adicional.

8.6 PROBLEMAS Y SOLUCIONES

Aunque el sistema es muy simple y no debería haber dificultades para su construcción y funcionamiento, es posible que se presenten algunos comportamientos no esperados inicialmente y hasta su puesta a punto. Al igual que en el e-book mencionado al inicio del capítulo, algunas posibles fallas o problemas y sus respectivas soluciones son los siguientes:

- **Problema**: el sistema está encendido pero no se reproduce ningún sonido.

- **Solución**: verificar las conexiones eléctricas del sensor HC-SR04 y el zumbador piezoeléctrico. Un error común suele ser invertir las conexiones entre los pines Trigger y Echo. Corroborar que se encuentren correctamente realizadas y, por supuesto, que el **buzzer** esté conectado en el pin configurado en el código.

▸ **Problema**: el sistema está encendido, todas las conexiones son correctas y han sido verificadas, pero los objetos no son detectados por el sensor.

▸ **Solución**: luego de que se hayan verificado las conexiones, verificar que los pines estén declarados en el software en coincidencia con los pines utilizados en el circuito.

▸ **Problema**: el sistema está encendido, todas las conexiones son correctas y han sido verificadas, pero no se reproduce ningún sonido en el zumbador.

▸ **Solución**: en primer lugar, verificar que las frecuencias mapeadas sean audibles, es decir, que el mapeo sea correcto.

Frecuencias por debajo de 20 o 30 Hz o por arriba de 20 o 22 KHz pueden provocar un funcionamiento inesperado, ya que los zumbadores están diseñados para trabajar en rangos de frecuencia acotados. El oído humano puede escuchar normalmente frecuencias comprendidas entre 30 y 20.000 Hz, por lo que los **buzzers** se diseñan para trabajar dentro de esos rangos pero sin cubrirlos completamente; en general se diseñan para trabajar entre 200 y 5.000 Hz. Verificar la hoja de datos de **buzzer** o modificar la frecuencia mapeada a valores estándar para las primeras pruebas; por ejemplo, entre 500 y 2.000 Hz.

8.7 DETECCIÓN DE OBSTÁCULOS PARA ROBOT

La segunda propuesta en este capítulo consiste en una adaptación del proyecto anterior. Basado en los principios y la tecnología desarrollados y ya estudiados, este nuevo proyecto busca dotar de autonomía a un pequeño vehículo robótico. Al adaptar el detector de objetos para no videntes en un robot móvil, se abre la puerta a una amplia gama de aplicaciones, desde la asistencia en el hogar hasta la exploración de entornos peligrosos.

Comencemos entonces con un primer paso a escala reducida, para luego desarrollar o expandir la idea a cualquier proyecto en el futuro.

Este proyecto podrá adaptarse para funcionar tanto en un móvil autónomo como en uno a control remoto, lo que brindará al usuario la libertad de elegir la opción que mejor se adapte a sus necesidades y recursos disponibles o bien a sus gustos.

El sistema, sin embargo, no podrá elegir una ruta o camino, solo podrá detener un motor o provocar la inversión de marcha, y esto dependerá del tipo de proyecto planeado.

8.7.1 Diferentes proyectos

Como dijimos, el sistema es capaz de evitar obstáculos y para esto existen diferentes alternativas según el tipo de proyecto.

Si el proyecto implica un vehículo a control remoto, el sistema deberá ser capaz de interrumpir el funcionamiento del motor, ya que la orden de avance o retroceso proviene directamente del usuario. Supongamos, por ejemplo, que el usuario se distrae durante un segundo y su vehículo se dirige hacia una pared. Si el usuario está distraído y no modifica la indicación de avance, podría producirse una colisión. Ahí entrará en acción nuestro sistema, provocando el corte de energía del motor para causar su detención. Denominaremos a esta idea "detención por corte de energía".

Por otro lado, si el proyecto implica un vehículo autónomo, el sistema deberá ser capaz de dar la orden de detención y cambio de dirección al vehículo para evitar la colisión con el objeto ubicado en su ruta. Es decir, en este caso el sistema será el que controle el motor y la dirección. Denominaremos a esta idea "detención por apagado o inversión de marcha".

8.7.2 Módulo de expansión con relé

Este módulo o placa de expansión es ampliamente utilizado en el mundo Arduino para controlar toda clase de periféricos y artefactos. En el primer capítulo del e-book **Arduino, Proyectos prácticos, Volumen 2** pueden encontrarse las características y una descripción más detallada de este módulo.

Figura 8.9. Módulo de expansión con relé.
Se utiliza para controlar grandes potencias con poca energía.

Con este módulo podremos aplicar la idea que denominados "detención por corte". Bastará con conectar cualquiera de los dos cables (solo uno de ellos) que energizan el motor entre los pines NC y COM de la placa de expansión y el motor (**Figura 2.10.**).

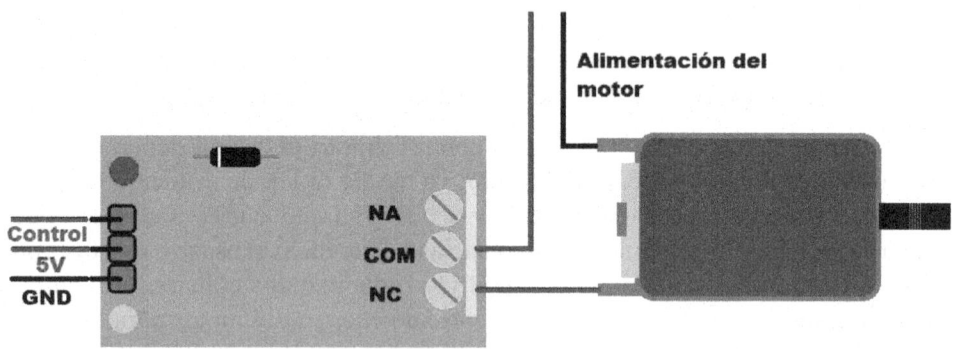

Figura 8.10. Módulo de expansión con relé y motor. El control se realiza sobre la alimentación del motor.

Utilizamos el contacto Normal Cerrado porque mantiene la continuidad a menos que se active el módulo mediante la señal de control. Entonces, el sistema solo actúa cuando detecta un objeto, abriendo el circuito de alimentación de motor y apagándolo.

8.7.3 Módulo controlador para motores

Como sabemos, Arduino tiene limitaciones en cuanto a la corriente y el voltaje que puede manejar directamente a través de sus pines de entradas y salidas digitales. Los pines de E/S de Arduino están diseñados para manejar corrientes pequeñas, generalmente de unos cuantos miliamperes por pin, y tensiones de hasta el nivel de voltaje de la placa (generalmente 5 V para placas Arduino alimentadas por USB o 3.3 V para placas alimentadas por baterías).

Entonces, el motor debe ser controlado por un módulo de potencia acorde a la potencia del motor. Y la potencia, por supuesto, está directamente relacionada a la corriente y el voltaje necesario para su funcionamiento. Conectar el motor directamente a la placa Arduino puede resultar en la destrucción de este elemento.

Utilizaremos entonces un módulo estándar para el control de motores como el que se observa en la **Figura 2.11.**:

Figura 8.11. Ejemplo de un módulo de expansión para el control de motores. Existen varios modelos con pequeñas diferencias constructivas pero con el mismo funcionamiento. Pueden utilizarse también para controlar motores paso a paso (PaP). Se recomienda leer la hoja de datos para aprovechar todas sus características, funciones y propiedades. Generalmente se denomina L298N a este tipo de placas.

En este caso, el que provoca la detención del avance para evitar la colisión es el módulo que recibe la indicación desde la placa Arduino, y a diferencia del módulo de expansión relé, este módulo puede, incluso, invertir el sentido de giro del motor para provocar una reversa o marcha atrás.

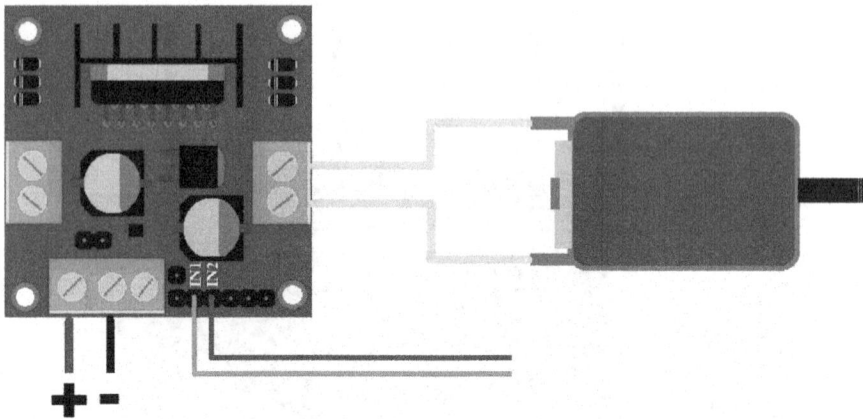

Figura 8.12. Conexión de un módulo de potencia con un motor. La placa controla el motor por medio de los pines IN1 e IN2. Mediante ellos se puede controlar también el sentido de giro del motor.

8.7.4 Funcionamiento del proyecto

El proyecto consiste en que, cualquiera sea la configuración elegida (relé o control de potencia), en cuanto el sensor ultrasónico detecta un objeto, y la distancia a este alcanza un umbral mínimo configurado, Arduino Nano indica o bien cortar la energía utilizando el relé o bien detener el motor e, incluso, girar un ángulo cualquiera, aplicar la marcha atrás o lo que el programador defina.

Hay cuatro posibles configuraciones disponibles. Un móvil a control remoto con módulo relé o con una placa de control de potencia, o un móvil autónomo con módulo relé o con una placa de control de potencia.

Analizando las posibles configuraciones, tendremos los siguientes escenarios:

▸ **Móvil a radiocontrol con módulo relé**: al acercarse a un objeto, se corta la energía y se detiene, independientemente de la orden del usuario que le estaría indicando avanzar, girar, retroceder, etc. No se producirá ningún movimiento hasta tanto el objeto detectado sea retirado o bien el móvil se desplace. Esto es consecuencia de la desconexión del motor.

▸ **Móvil a radiocontrol con control de potencia**: al acercarse a un objeto, se detiene el motor y se invierte el sentido de giro de uno o ambos motores, provocando el giro o retroceso del móvil. Una vez que la detección del objeto termina, el móvil continúa con el avance ordenado por el usuario. Sin embargo, esto es contradictorio a los efectos del control remoto, donde el usuario es quien define el movimiento. Es decir, el objetivo principal del control remoto es tener el control del desplazamiento de un móvil cualquiera, sea aéreo, acuático o terrestre.

▶ **Móvil autónomo con módulo relé**: al acercarse a un objeto, se corta la energía y se detiene, y permanece en esa posición hasta que el usuario retire el objeto o reubique el móvil. Al igual que en el caso del móvil a radiocontrol, esto es consecuencia de la desconexión del motor.

▶ **Móvil autónomo con control de potencia**: al acercarse a un objeto, se detiene el motor y se puede programar la reversa de uno de ellos, de ambos o bien hacer que el móvil se detenga hasta tanto se retire el objeto detectado. En otras palabras, esto es programable.

▶ **Observaciones de interés**: aunque cualquiera de las cuatro posibilidades es funcional a la detección automática de objetos para un móvil robótico, en el caso del radiocontrol, aplicar un control mediante una placa de control de potencia no resulta interesante. El ideal de un **hobbista** y entusiasta del radiocontrol es que sus modelos sigan sus instrucciones tal como se indican mediante el mando o control remoto, con lo cual establecer que el modelo que avanza contra un objeto cambie de dirección de modo **no controlado** no resulta tentador. Sin embargo, hacer que el modelo radiocontrolado (por ejemplo, un auto, motocicleta o camión eléctrico) que se dirige hacia una pared a gran velocidad se detenga antes de colisionar y dañarse resulta bastante atractivo y, por lo tanto, el módulo relé parece una excelente idea, no solo para proteger el modelo, sino también para evitar accidentes por descuidos.

Por otro lado, un móvil autónomo que se detiene hasta tanto se retire del lugar el objeto o el móvil implica que la esperada autonomía en realidad no es tal y que depende de un operador para controlar todo el tiempo al móvil supuestamente autónomo.

Pero si el móvil girara o retrocediera automáticamente y luego continuara su marcha, resultaría bastante interesante. Pensemos, por ejemplo, en una cortadora de césped o barredora de hojas automática en el jardín que, al toparse con un árbol o llegar a la medianera o pared de la casa, girara 90° sobre su eje y continuara con la tarea automáticamente y sin necesidad de un operador que controle el proceso. Simplemente, la dejamos en el jardín y se ocupa de trabajar.

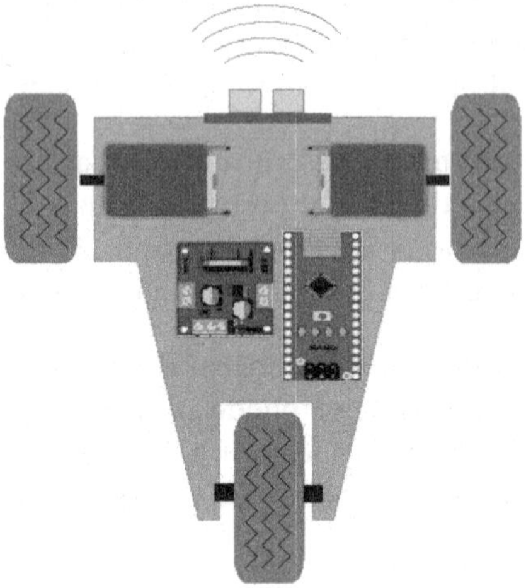

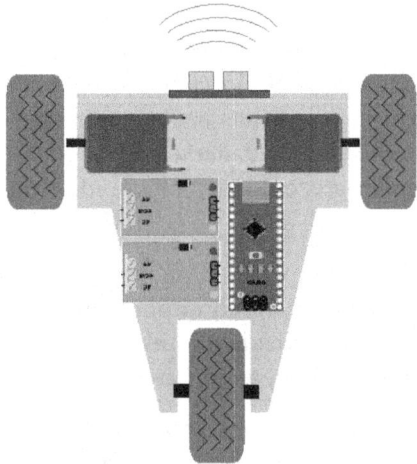

Figura 8.13. Móvil controlado por un módulo de potencia para control de motores (L298N). Cada motor es controlado individualmente por elcódigo subido a la placa.

Figura 8.14. Móvil controlado por un par de módulos con relé. Este tipo de control solo detiene el avance para evitar la colisión cortando el suministro de corriente de los motores.

Conclusiones: si el móvil es radiocontrolado, lo ideal será un módulo relé que corte la energía del motor antes de la colisión. Si el móvil es autónomo, lo ideal será el módulo de potencia porque permite programar las acciones que realizará para trabajar sin intervención del usuario.

8.7.5 El circuito

El circuito consistirá en una placa Arduino Nano y una placa de expansión con relé, o bien en una placa Arduino y una placa de expansión de control de potencia para motores. Ambas opciones requieren un sensor de distancia por ultrasonido como el HC-SR04.

Figura 8.15. Sensor HC-SR04 típico. Es el encargado de informar a Arduino si existe un objeto en el camino del móvil robótico. Utiliza un sonido en una frecuencia inaudible para detectar objetos mediante el eco de la señal que emite.

La alimentación del sistema se puede tomar de la misma batería del móvil a través del pin **Vin**, como vimos anteriormente. Hay que tener en cuenta los valores de tensión máximo y mínimo necesarios para el correcto funcionamiento de la placa: mínimo 7 V y máximo 12 V. Alimentar la placa Arduino con valores inferiores o superiores a esos umbrales puede provocar daños que impliquen el reemplazo de la placa o un mal funcionamiento, como ya vimos.

En caso de que se requiera utilizar una tensión mayor o de que el móvil utilice una batería de voltaje mayor, se puede recurrir al uso de un regulador externo. Existen muchos y para diversas funciones. Basta con buscar uno que posea una salida de tensión de 5 V regulados, se adapte al voltaje de entrada y nada más.

8.7.6 El software

El código es muy simple. Aprovecharemos lo que vimos en la primera parte de este capítulo y, además, pueden encontrarse detalles y otras características en el e-book **Arduino, Proyectos prácticos, Volumen 1**. Vamos directo al desarrollo.

Tenemos dos posibilidades de software distinto por lo que vimos anteriormente, así que desarrollaremos dos códigos para utilizar, adaptar o rescribir según gustos o necesidades.

El primer código corresponde al uso de una placa relé. Este código activa el relé para cortar la energía cuando detecta un objeto a una distancia de 10 cm o menos. Si queremos detectar a mayor distancia, simplemente debemos cambiar el número 10 por el que corresponda a la distancia o umbral mínimo necesario, indicarlo en centímetros y asegurarnos de que esté en el rango de medición para el que fue diseñado el sensor. Resultaría útil comparar con una distancia de 50 cm para un sensor con un rango de 5 a 15 cm de medición:

```
#include <NewPing.h>

#define TRIGGER_PIN 3 // Pin 3 del Arduino Nano c o
 // conectado a TRIGGER del
                   // sensor de ultrasonido
#define ECHO_PIN 2     // Pin 2 del Arduino Nano
    // conectado a conectado a               // ECHO del sensor de HR-SC04

// Crear el objeto sensor
NewPing sensor(TRIGGER_PIN, ECHO_PIN);

bool ObjDetectado = false;   // Variable para
         // indicar detección
int LEDyRELE = 13; // Relé y LED onboard de la placa

void setup(){
  pinMode(LEDyRELE, OUTPUT);     // LED se declara como
          // pin de salida
}

void loop() {

  // Realizar la medición de distancia
  unsigned int distancia = sensor.ping_cm();

  if (distancia > 0 && distancia < 10) {//0 a 10cm
    if (!ObjDetectado) {
      ObjDetectado = true;
      digitalWrite(LEDyRELE, HIGH); // Encender el
// Led y el pin
                               // del relé

    }
```

```
  } else {
    ObjDetectado = false;
    digitalWrite(LEDyRELE, LOW); // Apagar el Led y
                                // el pin del relé
  }
}

//FIN DEL PROGRAMA
```

En ese código se dispuso una variable llamada **ObjDetectado** que no cumple ninguna función a los efectos del código o de la detección y acción del sistema, aunque eliminarla implicará que este código no funcione; en realidad, se puede escribir el código sin necesidad de declararla. Esto se hace para disponer y poder utilizar en cualquier otra parte del código el estado actual del sistema: funcionando o detenido. Podemos pensarlo como una bandera de aviso que indicará el estado actual del sistema. Por ejemplo, si se quisiera implementar una alarma sonora, se podría utilizar esta "bandera" (o variable **booleana**) para determinar que la alarma se active si el valor es verdadero o que se apague si el valor es falso.

Para el segundo código se propone el uso de una placa de control de potencia. Este código también actúa cuando detecta un objeto a una distancia de 10 cm o menos, detiene los motores y activa la reversa en uno de ellos hasta que desaparece el obstáculo de su camino.

Para entender el código, primero debemos conocer cómo funciona la placa de potencia para motores, así que la siguiente explicación no será extensa pero nos dará los principios necesarios para utilizarla.

En la Figura 2.16 se observa que esta placa tiene dos salidas de control de motores que denominaremos A y B. Es decir, la placa puede controlar dos motores (en realidad, puede controlar hasta cuatro pero sin inversión de marcha). También cuenta con seis pines, de los cuales cuatro controlan las salidas, y dos las habilitan y deshabilitan. En general, y dependiendo del modelo de placa, los pines de habilitación de salidas se denominan ENA y ENB (por **Enable** A y Enable B, que se podrían traducir como habilitación A y habilitación B, respectivamente). Entre ellos, existen cuatro pines denominados IN1, IN2, IN3 e IN4 (por Input 1, 2, 3 y 4 respectivamente). Estos cuatro pines son los pines de control del puente H que conforma este módulo de expansión. Un puente H es un circuito capaz de controlar un motor y su sentido de giro.

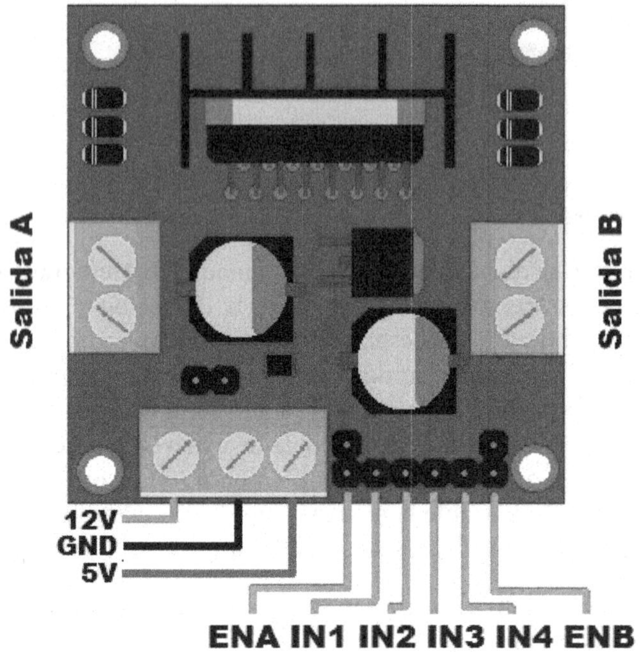

Figura 8.16. La placa cuenta con dos entradas de tensión: una de 12 V y una de 5 V más el contacto de GND (o tierra). Si bien las placas suelen ser genéricas y las disposiciones de pines se repiten, es muy importante verificar cómo están ubicados en la placa que se va a utilizar.

Veamos cómo se controla el motor. Lo primero es habilitar las salidas de potencia. Esto se realiza colocando un **jumper** en los pines de control ENA o ENB (un jumper es un pequeño dispositivo o componente que se utiliza para cerrar un circuito y/o provocar el contacto eléctrico entre dos pines; es un pequeño bloque plástico recubierto por un contacto metálico en su interior que provoca el circuito eléctrico entre los dos pines). Luego, se aplica una tensión en los pines IN1 e IN2 para encender el motor conectado en la salida A y en los pines IN3 e IN4 para un motor conectado en la salida B.

Si se aplica una tensión de 5 V en el pin IN1 y GND en el pin IN2, el motor girará en un sentido. Si se invierten las tensiones colocando 5 V en el pin IN2 y GND en el pin IN1, se invertirá el sentido de giro del motor. Aplicando 5 V o GND en ambos pines, el motor se detendrá. Lo mismo se aplica para la salida B y sus pines ENB, IN3 e IN4.

Entonces, nuestra placa Arduino puede controlar el avance, la detención y el giro en una dirección u otra mediante el simple control de las salidas conectadas a la placa de expansión.

El código siguiente controlará la distancia medida por el sensor ultrasónico y, al detectar un objeto a 10 cm o menos, detendrá los motores y aplicará la reversa en uno de ellos durante 2 segundos y retomará la detección de objetos. Si todavía se detecta un objeto, se repetirá la indicación de reversa y así sucesivamente hasta que el objeto que bloquea el paso quede fuera del trayecto del móvil:

```
#include <NewPing.h>

#define TRIGGER_PIN 3 // Pin 3 del Arduino Nano c o
 // conectado a TRIGGER del
                    // sensor de ultrasonido
#define ECHO_PIN 2     // Pin 2 del Arduino Nano
     // conectado a conectado a           // ECHO del sensor de HR-SC04

// Crear el objeto sensor
NewPing sensor(TRIGGER_PIN, ECHO_PIN);

bool ObjDetectado = false;   // Variable para
        // indicar detección

#define MOTOR_A_IN1 4    // Pin 4 conectado a IN1
#define MOTOR_A_IN2 5    // Pin 5 conectado a IN2
#define MOTOR_B_IN3 6    // Pin 6 conectado a IN3
#define MOTOR_B_IN4 7    // Pin 7 conectado a IN4


Avanzar(){
  //Encender el motor A
  digitalWrite(MOTOR_A_IN1, HIGH);
  digitalWrite(MOTOR_A_IN2, LOW);

  //Encender el motor B
  digitalWrite(MOTOR_B_IN3, HIGH);
  digitalWrite(MOTOR_B_IN4, LOW);

  // Se activan las 4 salidas para que ambos motores
  // giren en el mismo sentido y e móvil avance en
  // línea recta
}

Detener_Movil(){
  // Detener ambos motores
  digitalWrite(MOTOR_A_IN1, LOW); //Apagar motor A
  digitalWrite(MOTOR_A_IN2, LOW); //Apagar motor A
  digitalWrite(MOTOR_B_IN3, LOW); //Apagar motor B
```

```
  digitalWrite(MOTOR_B_IN4, LOW); //Apagar motor B

  delay(500); //Esperar medio segundo (500 miliseg)

  // Encender el motor B en reversa
  digitalWrite(MOTOR_B_IN3, LOW);
  digitalWrite(MOTOR_B_IN4, HIGH);

  delay(2000); //Esperar dos segundos y detener

  // Apagar el motor B
  digitalWrite(MOTOR_B_IN3, LOW);
  digitalWrite(MOTOR_B_IN4, LOW);

  //El móvil giró en una dirección esperando evitar
  //la colisión con el objeto detectado. Continuar
  //con el recorrido que tenía.
}

void setup(){
 pinMode(MOTOR_A_IN1, OUTPUT); //Declarar pin salida
 pinMode(MOTOR_A_IN2, OUTPUT); //Declarar pin salida
 pinMode(MOTOR_B_IN3, OUTPUT); //Declarar pin salida
 pinMode(MOTOR_B_IN4, OUTPUT); //Declarar pin salida
}

void loop() {

  // Realizar la medición de distancia
  unsigned int distancia = sensor.ping_cm();

  //Controlar la distancia al objeto (0 a 10cm?)
  if (distancia > 0 && distancia < 10) {
    if (!ObjDetectado) {
      ObjDetectado = true;
      Detener_Movil();
      }
  } else {
    ObjDetectado = false;
   Avanzar();
  }
}

//FIN DEL PROGRAMA
```

Como vemos, el código es muy simple y se puede modificar para adaptarlo a cualquier necesidad.

Si el móvil debiera girar hacia otro lado o retroceder antes de girar o cualquier variante necesaria, solo habría que indicarle la acción deseada en la subrutina **Detener_Movil**.

8.7.7 Problemas y soluciones

Como siempre sucede en cualquier proyecto, es posible encontrarnos con algunas fallas de funcionamiento del sistema al encenderlo por primera vez. Las más comunes son siempre las de conexiones o cableado. Debemos verificar entonces cada conexión en detalle antes de encenderlo para evitar falsos contactos o cortocircuitos. En general, los falsos contactos solo provocan fallas de operación. En cambio, los cortocircuitos pueden causar daños irreversibles en uno o en todos los componentes del proyecto, obligando a reemplazar la pieza dañada.

- ⚑ **Problema**: el móvil no se detiene al encontrarse con un objeto en el camino y termina colisionando con él.

- ⚑ **Solución**: al igual que en la primera parte de este capítulo (detección de objetos para no videntes), lo primero es verificar las conexiones eléctricas del sensor HC-SR04. Un error común suele ser invertir las conexiones entre los pines Trigger y Echo. Por lo tanto, cabe verificar que estén correctamente realizadas.

- ⚑ **Problema**: las conexiones del sensor son correctas y aun así el móvil no se detiene al encontrarse con un objeto en el camino y colisiona con él.

- ⚑ **Solución**: en caso de estar utilizando una placa de expansión con módulo relé, verificar que este se encuentre conectado en el pin de control correcto. Si la indicación de activar el relé se realiza en un pin distinto, nunca se interrumpirá la tensión de alimentación del motor. Si, en cambio, se está utilizando una placa de potencia para el control de motores, verificar que las conexiones sean correctas de acuerdo con el código y que no haya falsos contactos entre ambos. Comprobar que en el código se indique correctamente el apagado del motor cuando se detecte un objeto (la salida debe ser un 0 lógico).

- ⚑ **Problema**: las conexiones del sensor son correctas y aun así el móvil no se detiene al encontrarse con un objeto.

▼ **Solución**: es posible que el sensor se encuentre dañado. Realizar pruebas para verificar el correcto funcionamiento del sensor. Verificar su funcionamiento encendiendo un led (por ejemplo, el led de la propia placa Arduino) cada vez que el sensor detecte un objeto.

▼ **Problema**: el móvil no avanza al encenderlo.

▼ **Solución**: verificar que el código subido a la placa esté correcto. Si el código es correcto y aun así no se enciende ante la ausencia de objetos, cambiar la dirección a la que apunta el sensor y verificar que no haya objetos próximos a él para evitar que se detengan los motores. Una prueba simple consiste en levantar el móvil y apuntar el sensor hacia arriba. Verificar que la placa de potencia se encuentre alimentada por una tensión acorde a los motores. Si utiliza motores de 12 V y la placa está alimentada por 5 V, estos no funcionarán. Por último, corroborar que los **jumpers** estén colocados en ENA y ENB para que habiliten la salida de potencia hacia los motores.

8.8 ACTIVIDADES

A continuación se presentan las preguntas y los ejercicios que deberías saber responder y resolver para considerar aprendido el capítulo.

8.8.1 Test de autoevaluación

1. ¿Qué rango de tensiones puedes aplicar a una placa Arduino Nano para alimentarla y que funcione correctamente?

*2. ¿Es posible reemplazar el **buzzer** piezoeléctrico por otro elemento de advertencia?*

3. ¿Por qué se utiliza una placa de expansión cuando debes controlar motores con Arduino?

4. ¿Por qué debes utilizar una fuente de alimentación externa para los motores?

5. ¿Cuántos motores se pueden controlar con una placa Arduino Nano?

6. ¿Es posible implementar la reversa si utilizas una placa de expansión con relé? ¿Por qué?

8.8.2 Ejercicios prácticos

1. *Modifica el código de manera que el usuario del bastón que detecta objetos solo advierta cuando estos se encuentren a menos de 50 cm, descartando aquellos que superen esa distancia.*

2. *Agrega una advertencia para que el usuario apague el circuito del bastón cuando hayan transcurrido más de 5 minutos sin detectar ningún objeto (es conveniente utilizar* **millis()** *para facilitar el conteo de tiempo).*

3. *Agrega una alerta sonora al móvil para que advierta en el caso de detectar un objeto en su camino.*

4. *Modifica el código para que el móvil que dispone de un control de potencia para motores (tipo L298N) active los motores de manera que retroceda y luego gire sobre su eje vertical, para luego continuar la marcha.*

5. *Modifica el código para que el móvil con un control tipo L298N gire hacia un lado al detectar un objeto, avance unos segundos y luego gire hacia el otro lado para retomar la dirección que tenía originalmente, rodeando al objeto detectado.*

9

MEDICIÓN DE GASES CON ARDUINO

El último proyecto de este e-book consiste en un medidor de la calidad o composición del aire. Es decir, un circuito que nos informará sobre los gases que componen el aire del ambiente donde se instala el proyecto.

9.1 CONSIDERACIONES IMPORTANTES

Antes de comenzar a construir este proyecto, es crucial comprender los riesgos asociados y las limitaciones que presenta. Aunque la detección de gases puede ser una herramienta invaluable para la seguridad, es esencial reconocer y advertir que este proyecto tiene sus propias restricciones y no debe ser utilizado como dispositivo de protección de vidas. Las siguientes son las razones críticas por las cuales este proyecto está orientado al aprendizaje y la experimentación, y no debe aplicarse para proteger vidas humanas o animales:

- **Calibración**: la calibración del sensor de gas es fundamental para obtener lecturas precisas y confiables. Pequeños errores en la calibración pueden llevar a interpretaciones incorrectas de los niveles de gases peligrosos en el aire, lo que podría resultar en una falsa sensación de seguridad o, peor aún, en una falta de detección.

- **Sensibilidad**: la sensibilidad del sensor de gas puede variar según las condiciones ambientales y la presencia de otros gases en el aire. Una sensibilidad inadecuada podría resultar en una detección insuficiente o tardía de gases potencialmente peligrosos.

▶ **Limitaciones técnicas**: los dispositivos caseros, como los construidos con Arduino, pueden no cumplir con los estándares de seguridad y confiabilidad necesarios para la protección de vidas. Estos proyectos pueden carecer de características de seguridad críticas presentes en los dispositivos comerciales diseñados específicamente para la detección de gases.

Mientras que construir un detector de gases con Arduino puede ser un proyecto educativo interesante y útil para el monitoreo de la calidad del aire en entornos controlados, no debe usarse como un dispositivo de protección de vidas. Aclarado el aspecto de la seguridad, analicemos el proyecto que proponemos realizar.

Utilizando una placa Arduino Nano, desarrollaremos un circuito capaz de detectar distintos gases ambientales según el tipo de sensor que empleemos. Existen distintos sensores diseñados para detectar específicamente un tipo de gas en particular. Por ejemplo, el sensor con denominación MQ2 se usa ampliamente para detectar la presencia de gases combustibles en el aire, como propano, hidrógeno, metano y otros. Es decir, puede detectar gases inflamables en un rango de 300 a 10.000 ppm (partes por millón). Su uso está orientado, principalmente, a las alarmas y detectores de fugas de gas domésticas con sensibilidad al propano y al humo.

Figura 9.1. Sensor MQ2 para detección de gases combustibles como propano, metano, etc.

El sensor MQ3, por su parte, puede detectar concentraciones de alcohol en el aire:

Figura 9.2. Sensor MQ3 para detección de alcohol, bencina y otros gases presentes en el aire.

En síntesis, según el gas que queramos medir o detectar, elegiremos el sensor correspondiente y desarrollaremos el proyecto.

Algunos motivos por los cuales podemos iniciar la construcción de un proyecto de medición de gases con Arduino son los siguientes:

▶ **Educación y aprendizaje**: construir un proyecto de medición de gases con Arduino puede ser una excelente manera de continuar nuestro aprendizaje sobre electrónica, programación y sensores. Es una nueva oportunidad para adquirir más habilidades prácticas y conocimientos técnicos sobre la familia Arduino y los sensores disponibles.

▶ **Control ambiental**: un proyecto de medición de gases puede ayudar a monitorear y controlar la calidad del aire en entornos específicos, como el hogar, un laboratorio o un lugar de trabajo (siempre que hayamos certificado la calibración del circuito). Esto es útil para identificar la presencia de gases potencialmente peligrosos o contaminantes en el aire, lo que puede contribuir a un entorno más seguro y saludable.

▶ **Investigación y desarrollo**: los proyectos de medición de gases pueden ser útiles en actividades de investigación y desarrollo, como en la creación de nuevos dispositivos de detección de gases, la evaluación de la eficacia de medidas de mitigación de la contaminación, o el estudio de la calidad del aire en diferentes entornos (domiciliario, industrial, barrial, municipal, etc.).

▶ **Personalización y flexibilidad**: construir nuestro propio proyecto de medición de gases nos brinda la oportunidad de personalizar y adaptar el sistema según nuestras necesidades específicas. Podemos seleccionar los sensores adecuados, diseñar la interfaz de usuario según nuestras preferencias y ajustar el sistema considerando los requisitos de nuestra aplicación particular.

▶ **Costo**: los proyectos de medición de gases construidos con Arduino y componentes electrónicos asequibles pueden ser una alternativa económica a los dispositivos comerciales. Esto puede ser especialmente beneficioso cuando contamos con presupuestos limitados y necesitamos acceder a herramientas de medición de gases.

En resumen, construir un proyecto de medición de gases con Arduino puede ser una experiencia educativa, práctica y útil para monitorear la calidad del aire, contribuir a la investigación y el desarrollo, y personalizar soluciones según las necesidades específicas del usuario.

---

① Advertencia

Es importante recordar que los detectores de gases que hagamos con Arduino podrían no ser precisos debido a que no están calibrados correctamente.

Sin embargo, podemos solucionar esta situación construyendo el proyecto según nuestras necesidades y luego llevándolo a un laboratorio especializado y con autorización oficial como entidad certificante para que controlen y validen las mediciones. Allí se encargarán de calibrar el equipo para asegurarse de que las mediciones sean precisas y confiables. Después de la certificación, podemos usar el detector con confianza, sabiendo que las mediciones que obtengamos serán exactas y nos alertarán correctamente sobre la presencia de gases peligrosos. Contar con una certificación oficial de la medición nos permitirá instalar el equipo en cualquier ambiente, incluso domiciliario o laboral, y confiar plenamente en la medición, alarma, advertencia, etcétera, que se obtenga desde él. En el laboratorio nos informarán también el tiempo de validez del certificado y el período de uso antes de la recertificación.

La calibración y la certificación de las mediciones suelen ser necesarias dado que los sensores de la familia MQx cuentan con un método de ajuste que permite calibrar la medición. La calibración se realiza colocando el sensor en un ambiente controlado y realizando la exposición al gas correspondiente en una concentración determinada, y haciendo mediciones y ajustes hasta que la medición coincida exactamente con el valor de concentración existente.

Figura 9.3. En la parte inferior de la placa de circuito impreso de un sensor MQ4 podemos observar que existe un trimpot para ajustar la medición del sensor. Este ajuste se debe realizar para calibrar el sensor en un laboratorio o ambiente controlado.

Si el sensor ha sido certificado por un laboratorio, podremos usarlo con total confianza de las mediciones y, por lo tanto, aplicarlo en alarmas domiciliarias o en oficinas (cabe recordar que el certificado tiene un plazo de validez dispuesto por el laboratorio). Manipular el potenciómetro de ajuste del sensor implica perder la certificación realizada, por supuesto. Además el laboratorio podrá validar o no el uso del proyecto en un ambiente particular.

La familia de sensores MQx para detección de gases es realmente muy económica, con un valor inferior al de una placa Arduino Nano.

La siguiente lista presenta algunos de los sensores MQx disponibles y el gas que es capaz de detectar según detalla el fabricante de sensores:

- ☞ **MQ-2**: detecta gas metano (CH4), gas butano (C4H10), gas propano (C3H8), gas de hidrógeno (H2) y humo

- ☞ **MQ-3**: detecta alcohol etílico (C2H5OH), también conocido como etanol

- ☞ **MQ-4**: detecta gas metano (CH4) y GNC

- ☞ **MQ-5**: detecta gas de gasolina, gas natural y gas de hidrógeno (LPG, LNG, H2)

⚑ **MQ-6**: detecta gas de gasolina, gas butano (C4H10), gas propano (C3H8), gas de hidrógeno (H2) y gas de humo

⚑ **MQ-7**: detecta monóxido de carbono (CO)

⚑ **MQ-8**: detecta gas de hidrógeno (H2)

⚑ **MQ-9**: detecta monóxido de carbono (CO) y gas de gasolina (LPG)

⚑ **MQ-131**: detecta ozono

⚑ **MQ-135**: detecta amoníaco (NH3), gas de benceno (C6H6), óxidos de nitrógeno (NOx), monóxido de carbono (CO) y dióxido de carbono (CO2)

⚑ **MQ-136**: detecta gas de sulfuro de hidrógeno (H2S)

⚑ **MQ-137**: detecta amoníaco (NH3), etanol y monóxido de carbono

Este listado ofrece una idea general de lo que esta familia de sensores es capaz de medir. Se debe utilizar como guía y no debe considerarse como exacta o fija. Un fabricante puede ajustar sus placas a diferentes gases según necesidades específicas de fabricación o requerimientos de un comprador. Por lo tanto, antes de adquirir el sensor, debemos cerciorarnos de que es capaz de medir el gas que necesitamos medir.

¿Cómo funcionan los sensores MQx? ¿Cómo realizan la detección de un gas específico? Los sensores MQ aprovechan el principio de que la resistencia eléctrica varía en presencia de ciertos gases. Estos sensores utilizan una tecnología basada en óxidos semiconductores que modifican su resistencia eléctrica cuando interactúan con ciertos gases en el aire.

El funcionamiento básico de un sensor MQ es el siguiente:

⚑ **Elemento sensor**: el sensor MQ consta de un elemento sensor hecho de un material semiconductor, como el óxido de estaño (SnO2) u otro compuesto similar. Este material tiene una resistencia eléctrica que cambia cuando se expone a ciertos gases.

⚑ **Calentamiento**: el elemento sensor está conectado en un circuito eléctrico y se calienta a una temperatura constante utilizando un elemento calefactor interno. Este calentamiento es necesario para activar la sensibilidad del sensor, y promover la interacción entre los gases y el material semiconductor.

▼ **Interacción con los gases**: cuando el sensor está caliente, los gases en el aire entran en contacto con el material semiconductor. Los gases interactúan con la superficie del material y provocan cambios en la conductividad eléctrica del semiconductor.

▼ **Medición de la resistencia**: el cambio en la conductividad eléctrica se traduce en un cambio en la resistencia eléctrica del sensor. Este cambio en la resistencia se puede medir utilizando un circuito eléctrico conectado al sensor. Cuanto mayor sea la concentración de gas en el aire, mayor será el cambio en la resistencia del sensor.

▼ **Interpretación de las lecturas**: las lecturas de resistencia del sensor se pueden convertir a su correspondiente concentración de gas utilizando una calibración adecuada. Esto implica comparar las lecturas del sensor con lecturas conocidas obtenidas en una atmósfera controlada con concentraciones conocidas de los gases de interés.

Un sensor de gases es un "sensor electroquímico" que varía una resistencia interna al interactuar con un cierto tipo de gas para el que está diseñado.

9.2 EL CIRCUITO

Para nuestro proyecto utilizaremos una placa Arduino Nano (¡por supuesto!) y dos sensores de gases. En este caso seleccionamos un sensor MQ5 para detectar gas natural (GNC) y un sensor MQ7 para detectar monóxido de carbono (CO), aunque se puede utilizar cualquier sensor según gustos o necesidades. Con este circuito, aprenderemos cómo conectar sensores de gas, y lo que haremos con ellos se puede aplicar a cualquier otro similar. Todo lo que debemos hacer es ajustarnos a las especificaciones del tipo elegido. Esto significa que los pasos que seguiremos para conectar y utilizar los sensores MQ5 y MQ7 se pueden aplicar a otros sensores de gas. De esta manera, podremos adaptar el circuito para satisfacer requerimientos particulares y trabajar con diferentes tipos de sensores en futuros proyectos.

La mayoría de los sensores poseen dos tipos de salidas, digital y analógica, mediante las cuales informan la detección de gases. La salida digital tiene dos posibles valores: detectado y no detectado. Es decir, cuando el sensor detecta una cierta concentración del gas correspondiente, lo informa mediante un estado lógico definido dependiendo de la configuración del sensor. En general, los sensores con salidas digitales poseen lógica negada, es decir, indican mediante un 0 que se ha detectado el gas y mediante un 1 que no hay presencia del gas. El umbral de detección a partir del cual se indica la presencia del gas se regula mediante el ajuste que comentamos anteriormente (**Figura 3.3.**). El ajuste deberá realizarse en condiciones controladas, ya sea por comparación con otro sensor calibrado/certificado o bien por la introducción del sensor en un ambiente controlado.

Por otro lado, la salida analógica proporciona un valor correspondiente a la medición realizada por el sensor y entrega un valor que se encontrará comprendido entre 0 y 5 V (la tensión de alimentación del módulo sensor). En caso de utilizar un módulo con diferentes niveles de tensión de alimentación, la información podrá estar en otro rango de voltajes. Bastará con revisar la hoja de datos del sensor utilizado para determinar la escala correspondiente. Esta medición también puede ser regulada mediante el trimpot de ajuste que posee la placa del sensor.

El módulo sensor utiliza una cámara de calentamiento para detectar gases. Cuando se aplica energía eléctrica al elemento calefactor dentro de la cámara, esta se calienta para facilitar la interacción de los gases presentes en el ambiente con el material sensible del sensor. Sin embargo, este proceso de calentamiento puede generar una inercia térmica en la cámara, ya que los gases pueden permanecer dentro de la cámara, incluso, después de que se interrumpe el suministro de energía al elemento calefactor. También existe un lapso de tiempo que transcurre hasta que el elemento calefactor alcanza su temperatura de operación y el gas ingresa en la cámara de detección. Como resultado, el tiempo de respuesta del sensor puede ser lento, porque continúa detectando los residuos de gas que persisten en la cámara de calentamiento hasta después de que el gas objetivo haya desaparecido del entorno circundante. Es decir, este fenómeno puede causar una lectura persistente del sensor incluso después de que la concentración de gas haya disminuido, lo que puede llevar a interpretaciones erróneas de la presencia y la concentración reales del gas. También podría observarse que no hay medición aun en presencia del gas, ya que este todavía no ha ingresado a la cámara. Es importante tener en cuenta esta inercia térmica y de medición y considerarla al interpretar las lecturas del sensor y también al diseñar sistemas de detección de gases para aplicaciones críticas.

9.2.1 Partes por millón

La concentración de gases a menudo se expresa en partes por millón (ppm), una unidad de medida que proporciona una representación precisa de la proporción de un gas en relación con el total de gas en el ambiente, especialmente cuando se trata de concentraciones muy pequeñas.

Las partes por millón (ppm) son una unidad de medida que indica la cantidad de partes (o unidades) de un componente en un millón de partes (o unidades) del total. En el contexto de la detección de gases, esto significa que 1 ppm representa una parte de gas por cada millón de partes de gas y aire combinados.

Hay varias razones por las cuales las concentraciones de gases se expresan comúnmente en ppm:

- **Sensibilidad**: muchos sensores de gas pueden detectar concentraciones extremadamente bajas de gases. Expresar estas concentraciones en ppm proporciona una escala que es adecuada para medir incluso las cantidades más pequeñas de gas en el aire.

- **Comparabilidad**: la expresión en ppm facilita la comparación de concentraciones de diferentes gases y en diferentes contextos. Permite evaluar rápidamente la proporción de un gas en relación con el total de gases presentes, independientemente de la escala absoluta de la concentración.

- **Estándares de seguridad y regulación**: en muchas aplicaciones, en especial en entornos industriales y de seguridad, se establecen límites de exposición ocupacional para gases peligrosos, expresados en ppm. Por lo tanto, expresar las concentraciones de gas en ppm facilita la comparación con estos estándares y la evaluación de la seguridad; además, permite su fácil constatación por personas no expertas en la materia. De esta manera, también se amplía el rango de potenciales usuarios.

- **Precisión**: para concentraciones muy bajas, expresar las concentraciones en ppm proporciona una medida más precisa y significativa que otras unidades, como porcentajes o fracciones.

La expresión de las concentraciones de gases en partes por millón (ppm) es una práctica estándar debido a su sensibilidad, comparabilidad, conformidad con estándares de seguridad y regulación, y precisión en la medición de concentraciones extremadamente bajas de gases.

9.2.2 Medición en ppm

Aun siendo la indicación en ppm un estándar implementado mundialmente, el sensor no devuelve la medición en esta unidad. Por lo tanto, si necesitamos que nuestro circuito nos provea de esa información, tendremos que calcularla en virtud de la medición analógica que nos entrega el sensor. El problema es que la relación entre la lectura analógica y el valor real no es lineal. Necesitaremos la curva de respuesta correspondiente a cada sensor, que se encuentra en la hoja de datos de este (**datasheet**). En la **Figura 3.4.** podemos ver las curvas de respuesta del sensor MQ5 de la empresa HANWEI Electronics CO. LTD, cuya hoja de datos o datasheet se incluye como material adicional.

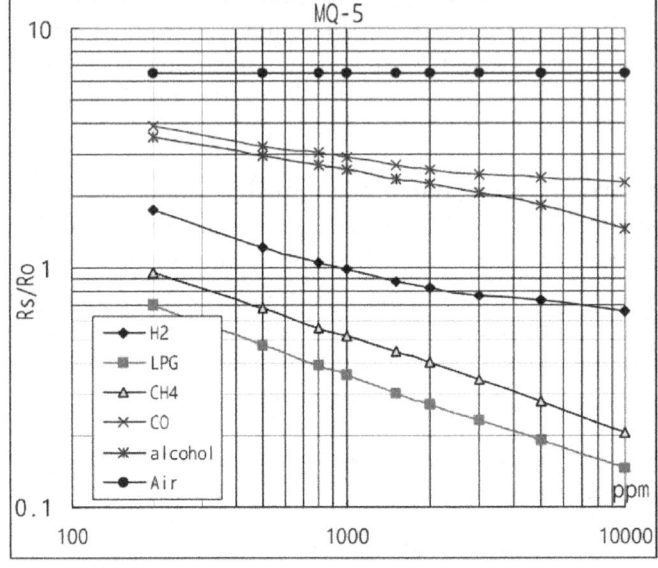

Fig. is shows the typical sensitivity characteristics of the MQ-5 for several gases.
in their: Temp: 20℃、
Humidity: 65%、
O_2 concentration 21%
RL=20k Ω
Ro: sensor resistance at 1000ppm of H_2 in the clean air.
Rs:sensor resistance at various concentrations of gases.

Figura 9.4. Curvas de respuesta del sensor MQ5 de la firma HANWEI. Las escalas son logarítmicas e indican los valores de respuesta en función de las concentraciones (en ppm) de los gases que el sensor es capaz de detectar. Las escalas de las curvas son logarítmicas para poder representarlas en un formato prácticamente lineal y más comprensible.

Dado que la hoja de datos ofrece la curva de respuesta y no una fórmula o ecuación de cálculo, es necesario estimar y hallar la ecuación correspondiente para poder calcular las partes por millón del gas medido. A continuación, indicaremos las fórmulas que se deben aplicar, sin entrar en el análisis matemático para obtenerlas, ya que no es necesario. Solo se exponen a efectos de revelarlas y para explicitar cómo adaptarlas al sensor que se desee utilizar:

$$Y = A \cdot x + B \quad \textbf{Recta del sensor}$$

$$A = \frac{Y2 - Y_1}{X2 - X_1} = \textbf{pendiente}$$

$$B = Y1 - A \cdot X1 = \textbf{ordenada al origen}$$

$$C = 10^{A \cdot \log\left(\frac{Rs}{R}\right) + B} = \textbf{concentración}$$

C resultará ser la concentración medida por el sensor y es el valor que nos interesa obtener. Este valor ahora se encuentra en partes por millón.

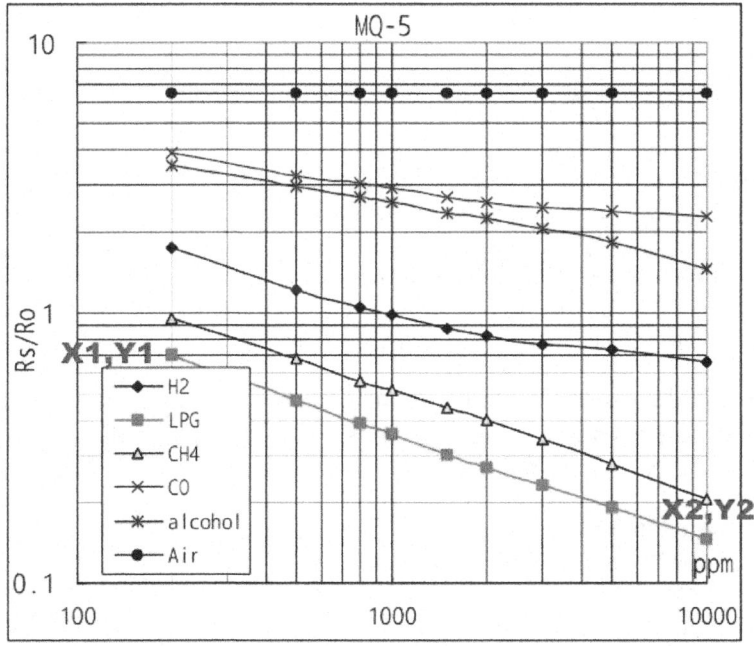

Figura 9.5. Puntos de la curva necesarios para el cálculo de la medición en partes por millón para el gas licuado de petróleo. Estas curvas corresponden al sensor MQ5 (las curvas se obtuvieron de la hoja de datos del sensor).

Así se obtienen los siguientes valores que podremos utilizar para realizar el cálculo:

Primer punto (x1, y1): x1=200 , y1= 0,7
Segundo punto (x2, y2): x2=10.000 , y2=0,16

Rs es la resistencia que se miden en el sensor ante la presencia del gas, mientras que R0 es la resistencia sin ningún gas presente (aire puro).

Por su parte, RL es el valor de la resistencia ajustable.

Con esta información podemos "trazar" nuestra curva en la placa Arduino y realizar cálculos con los datos que provee el sensor. En el código esto se traduce de la siguiente manera:

```
// Definición de los puntos 1 y 2 obtenidos de las
// curvas del sensor (información obtenida del
// datasheet)
int X1 = 200;
int X2 = 10000;
float Y1 = 0.7;
float Y2 = 0.16;
int R0 = 20;

//Definición de las coordenadas X1,Y1 y X2,Y2:
const float punto1[] = { log10(X1), log10(Y1) };
const float punto2[] = { log10(X2), log10(Y2) };

//Cálculo de pendiente y coordenada abscisas
const float curva = (punto2[1] - punto1[1]) / (punto2[0] - punto1[0]);
const float coord = punto1[1] - curva * punto1[0];
```

Ahora podemos realizar la medición de la resistencia interna del sensor para luego calcular las partes por millón medidas. Para hacerlo, declaramos la función **Medicion** y le indicamos en qué pin deseamos medir:

```
float Medicion (int pin) {
//Cálculo promedio de mediciones del sensor
//Se toman 5 mediciones y se calcula el promedio //para obtener un valor más
estable
    float Rs = 0;
    int RL = 5; //valor medido en KΩ
    for (int i = 0;i<5;i++) {
        float valor = analogRead(pin); //Leer pin sensor
        Rs += (RL / 1000.0* (1023-valor) / valor);
        delay(100);
    }
    return Rs = Rs/5; // Promediar el valor medido y
```

```
                        // devolver el valor de Rs
  }
```

Esta función devuelve la medición realizada. Previamente realiza cinco mediciones durante medio segundo y luego entrega el promedio de ellas. Esta es una manera de hacer más estables las mediciones. Con el valor **Rs** medido, podemos calcular el punto de la curva correspondiente a ese valor de resistencia:

```
void loop()
{
    // Realizar la medición en el pin A0
    Rs_prom = Medicion(A0);

    // Calcular la concentración
    float concentracion = pow(10, coord + curva * log(Rs_prom/R0); //R0 = 20 (en
KΩ)

    // Mostrar el valor de la concentración en el
    // monitor serial
    Serial.print("Concentración (en ppm): ");
    Serial.println(concentracion);
    Delay(1000);
}
```

9.2.3 Aclaraciones

Los valores R0, RL así como los puntos X e Y utilizados en el cálculo corresponden a cada sensor y se obtienen de las hojas de datos. Para lograr mediciones precisas, se debe recurrir al datasheet correspondiente al fabricante del sensor que se pretende utilizar. Si bien la mayoría de los sensores comparten rasgos y características, cada fabricante puede disponer de mejoras o el uso de otros materiales que modifiquen los valores de respuesta del sensor, y sin previo aviso por supuesto. Esto puede traer aparejada una medición incorrecta y, según el uso del proyecto, esto puede resultar en una toma de decisiones desafortunadas basadas en información equivocada. Supongamos por un instante que se instala el sistema de medición en cercanías de una fábrica y se detecta un nivel de contaminación que determina la aplicación o no de una multa.

Por lo tanto, es sumamente importante corroborar que los valores utilizados para el cálculo corresponden al sensor en uso, y esto es aun sabiendo que los sensores del mismo tipo o modelo comparten, en general, los mismos parámetros de funcionamiento y ofrecen los mismos resultados en las mismas condiciones de medición.

Otro aspecto importante para considerar es que algunos sensores poseen un tiempo de estabilización necesario para entregar una medición correcta. Así, algunos modelos (la mayoría) requieren unos pocos minutos, mientras otros precisan ¡hasta 12, 24 y 48 horas!

Por ejemplo, trabajar con el sensor MQ5 (sensor de gas combustible) requiere un tiempo de calentamiento o estabilización de 24 horas según la hoja de datos. Es decir, el sensor debe funcionar de manera ininterrumpida durante un día completo antes de ofrecer información de calidad. Este tiempo suele estar especificado en la hoja de datos como Preheat time, tiempo de calentamiento.

También se puede observar que en el código que presentamos anteriormente hicimos una medición y calculamos un promedio antes de entregar el resultado. Esto se debe a que pequeñas variaciones pueden proporcionar diferentes valores y confundirnos. Entonces, calculamos un promedio y obtenemos un valor "más real". Una medición común en lectura free running suele tener una curva como la siguiente:

Figura 9.6. Lectura continua de la salida analógica de un sensor de la familia MQx. El modo free running implica que la lectura se realiza sin esperas (delay) entre una y otra medición, proporcionando valores como los mostrados. Inicialmente, pueden parecer erráticos pero siguen cierto patrón. Cuando las mediciones se realizan con valores muy pequeños, una ínfima variación en las condiciones del entorno puede ser amplificada como un gran cambio en los resultados.

Entonces, y para evitar una medición a priori errática, realizamos un promedio de cinco mediciones y entregamos ese resultado.

Por último, el circuito debe ser provisto de una fuente de energía acorde. Como regla de fabricación, debemos asumir que la placa Arduino Nano no es capaz de alimentar a través de su regulador a ningún sensor de la familia de detectores tipo MQx.

Según la hoja de datos del sensor MQ5, este tiene un consumo de menos de 800 mW (milivatios), lo que implica 160 mA a 5 V. Recordemos que las salidas de la placa Nano proveen típicamente 20 mA como máximo, por lo que conectar uno de estos sensores a ella provocará daños irremediables. Por lo tanto, deberemos proveer una fuente de alimentación externa que sea suficiente para la placa y los sensores que se van a utilizar.

Supongamos ahora que deseamos construir un sistema de medición portátil tal que el usuario pueda desplazarse con el equipo y realizar mediciones en diferentes ubicaciones de un espacio abierto o cerrado.

Lo primero que debemos considerar es que el sistema deberá contar con una manera de exhibir la información. En este caso podemos utilizar un display LCD 16x2, que brindará la información en el lugar. Solo debemos tener en cuenta lo que ya mencionamos sobre la inercia temporal de la medición.

Figura 9.7. En esta imagen podemos ver tres tipos de baterías. La de menor tamaño es conocida como batería AAA (triple A). La batería del medio es de tamaño AA (doble A), y por último se observa una batería tipo 18650 (también llamada celda).

El segundo y último punto por evaluar en un sistema portable es la fuente de alimentación. Como ya se indicó, los sensores requieren de cierta corriente y, al igual que la placa Arduino, se pueden alimentar con 5 V (según el modelo del sensor por supuesto). Esta tensión y la corriente necesaria para los sensores puede ser aportada, por ejemplo, por un par de baterías de litio tipo 18650 de 3,7 V y 3.400 mA conectadas en serie.

Las baterías conectadas en serie aportarán 7,4 V a todo el sistema. En el caso de la placa Arduino, podemos aprovechar el pin Vin que analizamos en el Capítulo 2 de este e-book, ya que ajustará la tensión a 5 V. Para el o los sensores deberemos adicionar un regulador de voltaje como el circuito integrado LM7805 y sus componentes externos necesarios, o bien un módulo llamado Fuente Step Down DC-DC, que en rigor de verdad, no es una fuente de alimentación sino un módulo regulador. Aquí se conectarán las baterías 18650 en serie que aportarán 7,4 V, y se podrá ajustar la salida para que entregue 5 V estabilizados. Los 5 V servirán tanto para los sensores como para la placa Arduino en caso de no utilizar el pin Vin.

Figura 9.8. El módulo step down DC-DC se utiliza para adecuar la tensión aportada por una fuente de alimentación a la tensión de trabajo correcta de un circuito. En este caso, ajustará la tensión de las celdas 18650 de 7,4 V a 5 V. Bastará con ajustar la salida del módulo a 5 V antes de conectar los sensores. Estos módulos son realmente económicos y pueden ajustar la tensión de salida desde 1,23 V hasta 35 V; soportan corrientes de carga de hasta 3 A.

Las baterías tipo 18650 se presentan comercialmente con diferentes corrientes, siendo las más comunes las que proveen desde 2600 mA hasta 4000mA. Sin embargo, por una pequeña diferencia de precio es posible adquirir celdas de 5800, 6800 y hasta 9600 mA.

La duración de las baterías en un sistema portátil dependerá de la cantidad de sensores conectados, el consumo de cada uno de ellos y el tiempo de encendido o precalentamiento necesario. Es decir, debemos tener en cuenta lo indicado sobre el tiempo de calentamiento para que un sensor provea información fidedigna. Un sistema portátil que debe permanecer encendido 24 horas antes de poder brindar información puede llegar a ser inconveniente si las baterías no podrán soportar un funcionamiento continuo de esa cantidad de tiempo.

Volviendo al proyecto, veamos por último las especificaciones para el sensor MQ7, que se obtienen de la hoja de datos correspondiente:

Primer punto (x1,y1): x1=50 , y1= 1,7
Segundo punto (x2,y2): x2=4.000 , y2=0,09

Definidos estos valores, ya podemos aproximar la medición a la curva correspondiente y calcular el valor expresado en partes por millón (ppm) con un buen nivel de certeza.

9.3 EL CÓDIGO

El código no presenta grandes dificultades; es muy simple de escribir y entender. Consiste en realizar una lectura de un pin analógico y realizar algunos cálculos. Dichos cálculos solo son necesarios en caso de que queramos obtener una medición en partes por millón. Pero si solo necesitamos detectar umbrales, las ppm no son necesarias y podemos hacer una medición, calcular el promedio y comparar con un valor umbral determinado.

La medición directa del sensor suele ser útil cuando no se requiere el valor en ppm y solo se pretende dar un aviso o advertencia de la concentración del gas detectada. Por ejemplo, supongamos el uso de un sensor de gas metano: no necesitamos determinar cuántas partes por millón existen en un ambiente determinado si lo que estamos buscando es la existencia de una fuga. Lo que pretendemos en este caso es tener una advertencia o alarma de que estamos en presencia del gas por mínima que esta sea, ya que respirarlo puede ser mortal. Entonces, el cálculo será muy simple: si el valor medido es superior a 0, se debe activar la advertencia. (El gas natural comprimido, GNC, utilizado en la red domiciliaria está compuesto principalmente por metano. Específicamente, el GNC es una mezcla de hidrocarburos gaseosos que se encuentra en formaciones geológicas subterráneas. Cuando se extrae y se procesa, el gas natural se compone principalmente de metano, con pequeñas cantidades de otros gases, como etano, propano, butano y dióxido de carbono).

Es importante tener en cuenta que los umbrales de riesgo pueden variar dependiendo de regulaciones especiales, locales, municipales, provinciales, estatales, nacionales, etcétera, y de las condiciones específicas de exposición, así como también de la sensibilidad y calibración precisa de los sensores individuales. Por lo tanto, es fundamental interpretar esos valores con precaución y considerar otros factores relevantes al evaluar la seguridad en entornos con presencia de gases.

Volviendo al código, este no requiere el uso de librerías, y los resultados se pueden enviar directamente al monitor serie o exhibirlos en un display LCD. En caso de querer registrar las mediciones, debemos recordar que el monitor serie no puede exportar la información y, por lo tanto, debemos utilizar otro software, como Hyperterminal o PuTTY para el sistema operativo Windows, o Minicom para Linux.

La aplicación PuTTY se puede descargar de forma totalmente gratuita desde su sitio web oficial (*www.putty.org*); se puede utilizar en Windows y Linux.

También existe Tera Term, otra alternativa gratuita que ofrece funcionalidades de comunicación serie y emulación de terminales. Se puede descargar desde su sitio web oficial (**https://ttssh2.osdn.jp**) e instalar en Windows.

Para instalar Minicom en una distribución Linux, podemos usar el administrador de paquetes de la distribución específica. Por ejemplo, en Ubuntu, debemos abrir una terminal y ejecutar el siguiente comando:

```
sudo apt-get install minicom
```

Para enviar los datos desde Arduino a cualquier software de comunicaciones instalado en un ordenador de control se utilizan las instrucciones **serial.print()** y **serial.println()**, como siempre.

También podemos agregar información del tiempo del sistema, para lo cual usaremos el reloj digital del proyecto Reloj Arduino del Capítulo 1 del e-book **Arduino, Proyectos prácticos, Volumen 1**, y agregar así la fecha y la hora a cada medición, etc.

Los datos obtenidos desde **Minicom**, **PuTTY**, **Tera Term** u otro pueden grabarse en archivos y analizarse con planillas de cálculo para realizar control y análisis estadísticos.

La información también puede ser almacenada en una memoria EEPROM para su posterior recuperación. Se debe realizar el cálculo de la cantidad de mediciones y el tiempo de uso del sistema para determinar el tamaño requerido de la memoria a utilizar.

Veamos entonces el código completo para realizar la medición de gases propuesta utilizando los sensores MQ5 y MQ7:

```
// Código medición de gases con sensores MQ5 y MQ7

//Sensor MQ5
// Definición de variables de la hoja de datos
int X1 = 200; // Primer punto de abscisas del MQ5
int X2 = 10000; // Segundo punto de abscisas del MQ5
float Y1 = 0.7; // Primer punto de ordenadas del MQ5
float Y2 = 0.16; // Segundo punto de ordendas

// Definición de las coordenadas X1,Y1 y X2,Y2:
const float punto1[] = { log10(X1), log10(Y1) };
const float punto2[] = { log10(X2), log10(Y2) };

// Cálculo de pendiente y coordenada abscisas
const float curva1 = (punto2[1] - punto1[1]) / (punto2[0] - punto1[0]);
const float coord1 = punto1[1] - curva1 * punto1[0];

// Sensor MQ7
// Definición de variables de la hoja de datos
int X3 = 50; // Primer punto de abscisas de la curva
int X4 = 4000; // Segundo punto de abscisas del MQ7
float Y3 = 1.7; // Primer punto de ordenadas
float Y4 = 0.09; // Segundo punto de ordenadas

// Definición de las coordenadas X3,Y3 y X4,Y4:
const float punto3[] = { log10(X3), log10(Y3) };
const float punto4[] = { log10(X4), log10(Y4) };

//Cálculo de pendiente y coordenada abscisas
const float curva2 = (punto4[1] - punto3[1]) / (punto4[0] - punto3[0]);
const float coord2 = punto3[1] - curva2 * punto3[0];
float Medicion (int pin) {
//Cálculo promedio de mediciones del sensor
//Se toman 5 mediciones y se calcula el promedio //para obtener un valor más
estable
  float Rs = 0;
  int RL = 5;        //valor medido en KΩ
  for (int i = 0;i<5;i++) {
    float valor = analogRead(pin); //Leer pin sensor
    Rs += (RL / 1000.0* (1023 - valor) / valor);
    delay(100);
  }
  return Rs = Rs/5;  // Promediar el valor medido
}
```

```
void setup() {
  Serial.begin (9600); // Config. velocidad de com
}

void loop()
{
  float Rs_prom;
  Rs_prom = Medicion(A0); //Tomar valor del MQ5
  // Calcular la concentración de alcohol - MQ5
  float concentracion = pow(10, coord1 + curva1 * log(Rs_prom/20));   //R0 = 20
(en KΩ)

  // Mostrar el valor de la concentración en el
  // monitor serial
  Serial.print(«La concentración de Alcohol (en ppm) es: «);
  Serial.println(concentracion);

  Rs_prom = Medicion(A1); //Tomar valor del MQ7
  // Calcular la concentración de monóxido – MQ7
  concentracion = pow(10, coord2 + curva2 * log(Rs_prom/10));   //R0 = 10 (en
KΩ)

  // Mostrar el valor de la concentración en el
  // monitor serial
  Serial.print(«La concentración de Monóxido de carbono (en ppm) es: «);
  Serial.println(concentracion);

  delay(1000);
}

// FIN DEL PROGRAMA
```

9.4 PROBLEMAS Y SOLUCIONES

Como siempre, es posible encontrar algunas fallas de funcionamiento del sistema al encenderlo por primera vez. Las más comunes son siempre las de conexiones o cableado. Debemos verificar entonces cada conexión en detalle antes del encendido para evitar falsos contactos o cortocircuitos. En general, los falsos contactos solo provocan fallas de operación. En cambio, los cortocircuitos pueden causar daños irreversibles en uno o en todos los componentes del proyecto, obligando a reemplazar la pieza dañada.

En el proyecto que desarrollamos las posibilidades de error son realmente mínimas, puesto que las conexiones también son mínimas.

▸ **Problema**: el sistema está conectado y no envía ninguna información al monitor serial.

▸ **Solución**: verificar que la configuración de comunicaciones serie se encuentre correctamente establecida. Si el monitor serie está configurado en 9600 baudios, debe estar configurado en la misma velocidad en el código, y viceversa.

▸ **Problema**: el sistema está conectado y las mediciones son siempre cero o del mismo valor.

▸ **Solución**: verificar que la alimentación del sensor esté correctamente realizada. Comprobar también que el pin de datos conectado a la entrada analógica de la placa Arduino sea la salida analógica del sensor.

▸ **Problema**: el sistema toma valores incorrectos en comparación con otros detectores y referidos al mismo gas.

▸ **Solución**: falla de calibración. Es posible que el trimpot de ajuste haya sido manipulado. Entregar el sistema a un laboratorio especializado y certificado para realizar la calibración del sensor. No tomar decisiones en virtud de las mediciones obtenidas.

ⓘ Advertencia final

Aunque se ha repetido varias veces a lo largo del presente e-book, advertimos una vez más acerca de los riesgos de utilizar un detector de gases no calibrado y certificado correctamente. Tengamos en cuenta que el uso de cualquier dispositivo sin certificación puede provocar daños, lesiones y hasta poner en riesgo la vida. El uso consciente y responsable de estos excelentes equipos puede prevenir accidentes y ayudar a salvar vidas, creando ambientes seguros y haciendo la vida más confortable, siempre que se encuentren correctamente calibrados y certificados.

No utilizar un detector de gases sin certificar

Para uso industrial, domiciliario, comercial, laboral o en donde habiten, permanezcan o transiten personas o animales deben utilizarse solamente detectores con certificación válida otorgada por autoridad competente y únicamente durante el período de tiempo especificado por dicha certificación.

Debemos tener en cuenta esta advertencia y aplicarla, incluso, para detectores comerciales. Esto puede prevenir accidentes y salvar vidas.

9.5 ACTIVIDADES

A continuación se presentan las preguntas y los ejercicios que deberías saber responder y resolver para considerar aprendido el capítulo.

9.5.1 Test de autoevaluación

1. *¿Por qué no debes utilizar este proyecto como sistema de seguridad donde habiten, transiten, etcétera, personas o animales?*

2. *¿Qué debes hacer si necesitas aplicar este proyecto como sistema de seguridad en un ambiente con personas, animales y otros bienes? ¿Por qué?*

3. *¿Cuándo es necesario mostrar los niveles en ppm obtenidos por el sistema propuesto?*

4. *¿Por qué tienes que esperar la estabilización de los sensores antes de considerar que la medición es correcta?*

5. *¿Es posible alimentar el sistema aún en fase de pruebas a un puerto USB de un ordenador o notebook?*

6. *¿Cuántos sensores de la familia MQx se pueden utilizar con una placa Arduino Nano?*

7. *¿Para qué se usa el trimpot disponible en las placas de circuito impreso?*

8. *¿Qué debes hacer en caso de que el trimpot haya sido manipulado o no tengas certeza del valor en que se encuentra configurado?*

9.5.2 Ejercicios prácticos

1. *Agrega un display LCD de manera que la medición obtenida se exhiba directamente en la pantalla.*

2. *Agrega sensores de presión, temperatura y humedad, y convierte el sistema en una estación de monitoreo ambiental.*

3. *Añade un módulo de expansión RS-485 para enviar la información hasta a un kilómetro y medio de distancia.*

4. *Incluye un módulo relé de modo que, al alcanzarse un umbral determinado del gas bajo control, se encienda una alarma de gran volumen conectada a 220 voltios.*

5. *Agrega un módulo relé de manera que, al alcanzarse un umbral determinado del gas bajo control, se encienda una alarma de gran potencia luminosa o tipo flash estroboscópico conectado a 220 voltios.*

6. *Añade un RTC de modo que el registro de la información (medición) realizada incluya la fecha y la hora.*

7. *Si desarrollas un sistema portátil con baterías tipo 18650, ¿cómo podrías extender el tiempo de uso del circuito?*

8. *Analiza las modificaciones necesarias para agregar una memoria EEPROM al proyecto. Si se realizan 6 mediciones por hora y el proyecto cuenta con 5 sensores, ¿qué tamaño/capacidad en kilobytes debería tener la memoria?*

GLOSARIO

- **Baudio:** unidad de medida que representa la velocidad de transmisión de datos en un canal de comunicación.
- **Booleana:** en informática, tipo de dato que solamente puede tomar uno de dos valores.
- **Buzzer:** zumbador piezoeléctrico, dispositivo electrónico que produce sonido cuando se le aplica una corriente eléctrica.
- **Chip select**: pin utilizado para habilitar o activar un circuito integrado.
- **Clock:** reloj del sistema.
- **Data in/Data input**: pin a través del cual se ingresa información a un chip o plaqueta de circuitos.
- **Data out/Data output**: pin a través del cual se entrega información desde un chip o plaqueta de circuitos.
- **Datasheet:** hoja de datos del componente en cuestión. Provee información específica de su funcionamiento y características.
- **Enable:** señal o función que se utiliza para activar o desactivar un dispositivo, circuito o función específica.
- **Piezoeléctrico:** tipo de material que puede generar una carga eléctrica en respuesta a una deformación mecánica o viceversa; puede deformarse cuando se aplica un campo eléctrico para producir sonido, por ejemplo.
- **Pinout:** disposición física y funcional de los pines en un conector, circuito integrado, dispositivo, etc.
- **Trimpot:** potenciómetro ajustable, también llamado potenciómetro trimmer. Desarrollado para ser ajustado por una herramienta como un destornillador.

MATERIAL ADICIONAL

El material adicional de este libro puede descargarlo en nuestro portal web: *https://www.ra-ma.es.*

Debe dirigirse a la ficha correspondiente a esta obra, dentro de la ficha encontrará el enlace para poder realizar la descarga.

Cuando descomprima el fichero obtendrá los archivos que complementan al libro para que pueda continuar con su aprendizaje.

INFORMACIÓN ADICIONAL Y GARANTÍA

- ▶ RA-MA EDITORIAL garantiza que estos contenidos han sido sometidos a un riguroso control de calidad.

- ▶ Los archivos están libres de virus, para comprobarlo se han utilizado las últimas versiones de los antivirus líderes en el mercado.

- ▶ RA-MA EDITORIAL no se hace responsable de cualquier pérdida, daño o costes provocados por el uso incorrecto del contenido descargable.

- ▶ Este material es gratuito y se distribuye como contenido complementario al libro que ha adquirido, por lo que queda terminantemente prohibida su venta o distribución.

SÍGUENOS EN INSTAGRAM Y ACCEDE GRATIS A NUESTRA BIBLIOTECA DIGITAL DURANTE 30 DÍAS.

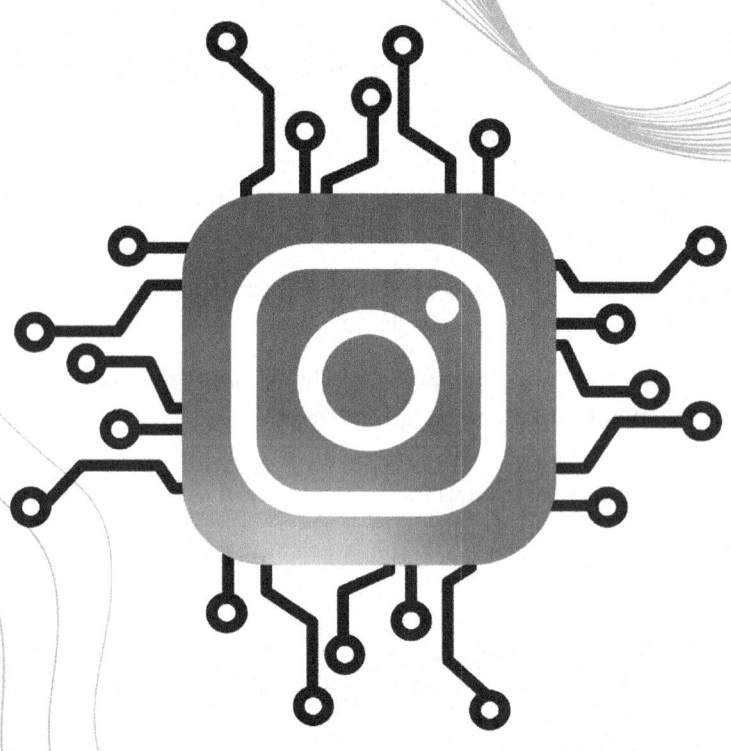

@grupoeditorialrama

¡ENVIANOS TU MAIL POR PRIVADO!

Grupo Editorial
ra-ma

40 ANIVERSARIO